너 없었으면 어쩔 뻔

2015년 2월 엄마가

너 없었으면 어쩔 뻔

윤예진 지음

마음세상

노트렌드맘

한국 사회는 온갖 육아에 대해 쉴 새 없이 떠든다. 언젠가부터 한동안 프랑스식 육아법, 유대인 육아법, 스칸디맘 육아법 등 유럽 스타일 육아 방식을 소개하는 육아서들이 눈에 띄기 시작했다. 하지만 우리와는 전통도 사회도 다른 해외 머나먼 나라들의 육아법은 실전보다는 동경이었던 걸까. 그러다가 이젠 현실 육아를 쫓는다며 아이의 수면부터 식사와 놀이까지 '교육'이라 가져다 붙인 정말 '한국적인' 육아 교육이 유행하더니, 급기야 육아에 우아함은 없다며 불량한 육아와 그냥 무조건 밀어붙이라는 군대식 육아까지 전개하기에 이르렀다.

그런데 좀 의아한 부분이 있다. 그 육아법들은 종종 육아에 대해 해악을 끼치는 것처럼 표현하며 자극적으로 뱉어대지만, 결국 책을 좋아하고 영어 잘하는 아이로 키우는 법을 말하고자 하는 것이었고, 똑 부러지는 육아 교육처럼 보여도 결국은 아이보다 엄마가 편하고자 하는 육아 교육이었다는 점이다. 그리고 그렇게 대한민국의 육아 유행을 따라 내 아이를 접목하려는 순간이 나의 육아를 이미 더 어렵고 더 힘들고 더 고통스러운 육아로 발 딛게 하는 시점이 된다.

게다가 자식을 '잘 키웠다'고 하는 대부분 엄마의 모든 육아 비결은 오로지 어떤 교육을 했고, 어떻게 학교 성적을 올렸으며, 그래서 유명 대학에 보냈다는 이야기. 나는 언젠가 자신의 아이들을 훌륭하게 키워낸 이야기를 썼다는, 연륜 있고 교양도 있어 보이는 한 엄마의 글을 보고 경악한 적이 있다. 부모가 아이들을 어떻게 사랑했는지, 그 집 아이들의 마음과 생각이 어땠는지는 알 수 없었고, 그저 죄다 무엇을 어디서 가르쳤고 어떻게 가르쳐서 내로라하는 미국 명문대에 진학시킨 이야기였기 때문이었다.

대한민국에서는 아이가 어려서부터 영어를 잘하도록 가르치고, 수도권의 외고나 과학고를 다니게 하고, 이름 있는 명문대에 가게 키워야 자녀를 제대로 키운 것일까? 아이를 시험과 점수만으로 평가하지 않고, 건강한 몸과 지혜로운 생각과 마음을 가진 아이로 성장시켜 자신의 행복을 스스로 느낄 줄 알게 도와주는 것은 자랑할 만한 육아가 아닌 것일까? 물론 아이를 어떻게 키우는 것이 더 값지고 더 어려운 것인지는 개개인의 관념과 가치의 차이일 것이다. 하지만 아무리 그래도 부모가 자녀에게 가장 먼저 가르쳐줘야 할 가장 중요한 것은 아이가 자신이 살아갈 인생이 얼마나 새롭고, 신나고, 소중한 것들로 가득 차게 될지를 충분히 궁금해하고 기대하게 해주는 것이 아닐까?

나는 그 어떤 특별한 맘도 아니다. 슈퍼맘도 알파맘도 베타맘도 아니다. 나는 그저 내 아이의 맘이다. 지난 6년간의 아이의 몸을 건강하게, 아이의 마음을 단단하게, 그리고 내가 잘 영글게, 내가 잘 늙도록 노력해온 아이와 나의 이야기. 나의 일기일 수도, 고백일 수도, 또는 홀로 부르짖는 넋두리일 수도, 그리고 내 개인적 어리석음이 들통나는 바보 같은 독백일 수도 있는 이야기. 이 글은 나를 위해, 내 아이를 위해, 혹은 좀 늦은 엄마거나 또는 좀 예민한 아이를 양육하고 있는 엄마, 그리고 나와 비슷한 생각을 해봤을 엄마들을 위한 이야기다.

내 아이는 아직 무엇이 되었다고 말할 수도 없는 고작 여섯 살 어린아이다. 하지만 분명한 것은 세상 모든 이치가 담긴 우주 같은 이 아이를 키우며 다시 성장하는 나를 느낀다는 것이다. 많은 엄마가 아이를 잘 키우고 싶어서 많은 전문가와 선배들의 육아법을 공부하고 있다. 하지만 가장 필요한 것은 어떤 전문적인 육아법도 어떤 유행의 육아법도 아닌 결국 엄마 자신의 철학이고 엄마와 아이와 교감하는 절대적 시간이다.

이 글에는 여느 육아 전문가들의 바른 저서에 나오는 참된 육아 방식이나 올바른 지침, 모범적인 비결은 없다. 아이를 여럿 키워 봤다는 혹은 가르치거나 치료해 봤다는 권위자들의 특출한 육아법 같은 것도 없다. 오히려 그런 많은 육아 지침서의 지식(정작 내 아이에게 실전에서는 응용이 안 되는)에 바짝 날이 서서 엄마 자신의 방향을 잃지 말자고 하고 싶다. 그 대신 '나'라는 엄마에게서 태어난 '내 아이'와의 시간에 집중한 이야기이다. 힘들다고 고되다고 말은 하면서도 그 마음속 진실은 아이에 대한 사랑으로 가득 차 있는, 아이를 키우는 모든 사람에게 위로와 위안을 주고픈 이야기이다. 내가 아이를 키우며 느끼고 알게 되었던 울림, 하지만 돌아서면

금방 잊어버릴 소중한 순간들의 기록이다. 하루하루 24시간 그렇게 365일 그렇게 2,000일이 넘는 날을 아이와 함께 보내며, 삶의 대부분을 공유하고 공감하며, 어떤 날은 웃으며 또 어떤 날은 울며 보내온 난중 육아일기이다.

그리고 무엇보다 내 아이가 자랐을 때, 혹은 성장하며 마음이 힘든 시기가 오더라도 엄마와 네가 서로 이런 모습과 마음으로 함께 살아왔단다, 보여주고 싶은 이야기다. 세상 똑같은 엄마 똑같은 아이는 없지만, 세상의 모든 엄마 마음은 다 비슷하다고, 이 글을 읽어주실 감사한 엄마들도 당신의 아이들에게 널 키우며 내 마음이 꼭 이랬단다, 알려줄 수 있는 기록이 되길 소망한다.

제1장
너를 만나다

오늘도 두근두근

오늘도 마음이 두근두근해진다. 이 아이를 바라보고 있으면 인간이 품을 수 있는 사랑에 대한 감정이 어떤 것인지 아주 확실해지는 느낌이다.

유치원에 다니는 아들, 내 아이의 현재. 마흔 넘어 첫 육아를 하는 아줌마, 나의 현재. 하루가 다르게 성장하고 있는 아이를 보며 나는 매번 안절부절못한다. 자꾸만 이렇게 커버리면 아까워서 어쩌나, 지금 이 예쁜 시절 다시 돌이킬 수 없는 이 시절, 아쉬워서 어쩌나 하고 말이다. 주책이다. 하지만 그 누가 나를 비웃으랴. 아마도 모든 엄마 나와 비슷할 텐데. 하루가 다르고 한 달이 다르고. 그렇게 1년이 지나면 아이는 지난해의 일을 기억 못 할 정도로 자라있고. 나는 이 아이의 성장이 기특하고 대견하면서도 한편으론 아쉽고 섭섭하여 마음 한구석이 찡하다.

아침에 아이가 눈을 뜰 때쯤 엉덩이를 토닥이며 종아리를 주물러주며 우리 아기 잘 잤어? 한다. 여름내 까맣게 그은 얼굴에 통통하고 만질만질한 볼살이 마치 잘 익어 윤기 나는 알밤 같다. 아이가 눈을 뜨면 반짝이는 보석 같은 까만 눈동자가 아직은 작은 눈 안에 커다란 구슬같이 박혀 있다. 아이의 뺨에 내 뺨을 비비며

"엄마는 세상 수많은 아기 중에 네가 엄마 아기로 태어나줘서 얼마나 좋은지 몰라."

아침 사랑 고백을 한다. 그러면 이 아이는 보일 듯 말 듯 한 미소를 지으며 나름 진지하게

"엄마, 나는 세상 많은 엄마 중의 엄마가 내 엄마라서 너무 좋아."

라고 한다. 아. 세상 행복 별거 있나? 이런 게 세상을 다 가진 기분이겠지!

너에게 중독

여느 엄마들이 기록하는 육아일기를 나는 따로 쓰지 않았는데, 그 이유를 군이 대자면 아이를 키우며 뭔가를 적을 여유가 많지 않았고, 또 하나는 글을 쓰고 읽는 것에 지쳤었기 때문이었다. 결혼 전부터 아이가 두 돌이 될 때까지 십여 년간 대학에서 강의를 했고, 출산 후 아이 첫돌까지 매달 디자인 잡지 칼럼을 썼다. 좀 더 거슬러 올라가자면 임신 전엔 박사 과정의 학위를 위한 논문으로 씨름을 했었고, 임신 중에는 이런저런 학회의 논문들을 쓰며 태교 시절을 보냈다. 학구열이 없었다고는 할 수 없지만 사실 돌아보면 보람과 재미보다는 책임감이 강하게 작용했던 업무였다. 그런 연구와 업무에 지쳤다기보다는 지겨웠다는 표현이 더 정확할 것 같다. 세상의 모든 텍스트와 좀 떨어져 지내고 싶었다. 그렇게 출산 이후로도 3년간은 그 흔한 육아 서적 하나 제대로 읽어본 적이 없었다.

아이가 태어난 직후 친정 근처로 이사를 왔고, 내가 집을 비우는 동안은 친정엄마께서 육아를 도와주셨다. 아이는 첫돌 때까지는 엄마가 부재 중일 때도 그럭저럭 할머니와 잘 지내는 듯했는데, 어느 시점인가부터 무조건 엄마가 아니면 모든 게 안 되는 아이가 되어버렸다. 하나부터 열까지 엄마를 찾는다. 게다가 이 아이는 어찌나 예민한지 세돌까지도 일명 통잠을 자지 않았고, 내가 옆에 누워 있다가 잠든 후 일어나면 귀신같이 깨서 울었다.

이렇게 저렇게 여기서 저기서 시달리던 그쯤이었던가. 아, 이렇게 대충대충 대처해서는 안 되겠다 싶던 것이! 내가 세상을 지키고 인류를 구원하는 일 정도를 하지 않는 이상 나는 내 인생의 그 어떤 것보다 이 아이를 최우선으로 선택하는 것이 옳다 싶었다. 이러다 이것도 아니고 저것도 아니고 다 망치는 것인 아닌가 싶었다. 사실 주변에서는 쌓아놓은 스펙이나 경력 등이 아깝지 않으냐며 걱정 반, 핀잔 반 말도 많았지만. 나는 두 마리 토끼는 잡을 자신이 없었다. 아니, 지금부터 더 중요한 한 마리라도 제대로 잡으려면 정신 똑바로 차려야 겠다고 생각했다.

그렇게 아이와 단 하루도 빠지지 않고 1년 365일 매일 24시간 붙어서 지지고 볶아대는 신세계가 시작되었다. 그리고 신세계에 입문한지 어언 6년 차였다. 뭔가 이상하다. 분명 그간 힘들고 고되고 때로는 지치고 화도 나고 그렇게 지내왔을 터인데 기억이 잘 안 난다. 벌써 치매인가. 그런데 정말이지 기억이 잘 안 난다. 심지어 이 아이를 볼 때마다 그저 예쁘고 귀엽고 매력적이며(덧붙이자면 내 아이는 객관적으로 절대 수려한 외모가 아니다), 대견하고 바라보고 있는 것만으로도 닳아 없어질까봐 아깝고 아쉽고 그렇다. 아주 눈에 꿀을 발랐다. 내 새끼 바라보는 눈에 쉽게 벗겨지지 않을 색안경을 단단히 썼다.

사랑 고백

요즘 내 아이는 종종 나를 껴안고는
"엄마, 나는 엄마가 너무 좋아서 어쩔지를 모르겠네?"
하며 배시시 웃는다. 아, 이런 사랑을 내 평생 또 언제 받아볼까?

아이야, 내가 너의 엄마라고 해서 너만을 위해 살아가는 사람은 아니지만, 근 몇 년은 정말 너만을 위해 살았다고 해도 과언은 아니야. 내 나이 마흔에 '엄마'라는 첫 인생을 살게 되면서 혼이 빠진 적도 있었지만, 결국 그렇게 새로 펼쳐진 인생에 점점 푹 빠지게 되었거든. 물론 새로 부여받은 '엄마'라는 직책을 정말 잘해보고 싶은 마음도 있었지. 하지만 너를 관찰하며 알아갔던 하루하루, 너에게 집중했던 수 없이 많은 시간, 너랑 공감하던 감동적인 순간들, 그렇게 너와 같은 공간 안에서 함께 보냈던 '너와 나의 삶'이 눈시울 뜨겁게 감사하고 가슴 터지게 기뻤기 때문이야. 물론 나도 힘들 때도 있었고, 늘 홀로 애써야만 하는 것 같아 속상한 날도 있었어. 하지만 이제는 그런 날조차도 감사해. 왜냐면 힘든 날들도 있었기 때문에 내가 너를 더 많이 사랑할 수 있게 되었다는 걸 알거든.

오늘도 생각해. 나는 사소한 마음의 소리도 좀 더 진지하게 들어보려고 노력해. 그저 스쳐 지나가도 그만일 수 있는 일들도 좀 더 세심해져 보려고 눈을 깜빡깜빡이며 생각을 가다듬어. 이런 내 심정을 알고 나를 보는 사람들은 이 아줌마 참 유별나다고 할지 모르지만, 나는 이런 내가 좋아. 이렇게 할 수 있는 내가 좋아. 아직은 나의 노력과 나의 용기와 나의 체력으로, 네 몸의 건강과 마음의 즐거움 그리고 너에게서 터져 나오는 맑은 웃음을 더 많이 만들어 줄 수 있는 시절이니까.

이런 시절이 지나 네가 좀 더 크면 지금과는 다른 종류의 즐거움과 기쁨도 많아질 거야. 그쯤이 되면 어쩌면 나는 너의 '단짝 짝꿍' 자리에서 물러나야 하겠지. 단지 내가 소망하는 것은 하나야. 너를 키우며 세상 물질로 이뤄낼 수 있는 모든 걸 다 해줄 수는 없겠지만, 나는 너를 자신의 '진짜 행복'을 느끼며 살 줄 아는 아이로 키워주고 싶어. 나도 아직 어떻게 하는 것이 그렇게 되는 방법인지는 잘 몰라. 하지만 옳은 답에 가까운 방법을 알기 위해 나는 매일매일 공부하고 노력할 거야. 세상이 규정지은 세상, 어른들의 바람과 욕심보다는 너의 인생에 네가 스스로 찾아내는 '진짜 행복'이 많기를 기도해. 지금도 보고 싶다. 사랑하는 내 보물.

내 보물 상자

- 무궁화 염원

몹시 더운 날이었다. 정말 더워서 돌아다니는 사람도 별로 없을 대낮 시간. 참 잘도 돌아다니지만, 또 사람이 많은 것을 무서워(?)하는 엄마 덕에 하루 빠른 14일에 광복절 나들이를 강행했다. 해마다 광복절, 3.1절엔 큰 행사를 여는 독립문 공원에 가보니 무궁화 축제가 한창이다. 갖가지 종류도 다양한 무궁화들이 작열하는 태양 아래 한껏 자태를 뽐내는 중이었고, 서재필 선생 동상이 있는 공원 중앙 부분쯤엔 커다란 무궁화 조형물이 세워진 인공 수조가 만들어져 있었다. 그 수조 안 무궁화 조형물 아래 동전을 던지며 소원을 염원하라는 문구가 있어서 동전을 좋아하는 아이에게 우리 동전을 던지며 함께 소원을 빌어보자고 했다. 백 원짜리 동전 한 개를 던지고 각자 소원을 빈 후에 엄마는 네가 건강하고 튼튼하게 무럭무럭 잘 자라기를 빌었어, 했더니 아이는 이런다.

"엄마, 나는 엄마랑 나랑 바닷가 집에서 함께 사는 소원을 빌었어."

어머나, 그 소원 너무 괜찮다! 엄마 소원 다시 빌래. 엄마 소원은 바로 네 소원이 이루어지는 거야!

- 보름달 기도

너의 다섯 살 한가위, 창밖에 보름달이 휘영청 밝게 떴다. 잠자리에 들기 전 한가위 보름달은 소원을 들어준다며 너도 소원을 빌어보라고 했더니, 창가에 쪼그리고 앉아 기도하는 모습으로 소원을 빈다. 그 뒷모습이 너무나 앙증맞아 미소를 지으며 바라보고 있었다. 고개를 숙이고 허리를 굽혀 동그랗게 말린 아이의 등을 바라보니 언제 이렇게 컸지 싶어 마음이 찡해지던 참에 아이는 소원을 다 빌었는지 벌떡 일어나 잘 준비를 한다. 내 마음이 몽글몽글하여 아이에게 물었다.

"무슨 소원 빌었어?"

"비밀이야, 소원은 원래 비밀이라구."

그러더니 잠시 머뭇거리다가 내게 다가와 행여 누가 몰래 들을까 귀에 대고 들릴 듯 말듯 속삭인다.

"쉿! 내 소원은 엄마랑 오래 함께 사는 거라고 했어. 비밀이야."

아아, 이게 뭐라고 눈물이 핑 돈다.

- 애정 부심

나는 종종 틈날 때마다 앞뒤 상황 없이 아이에게 사랑 고백을 하는 편인데, 이 날은 아이와 서로 누가 더 많이 사랑하는지 베틀이 붙었다.

"어디서 요런 아기가 엄마한테 왔나? 사랑해 엄마 아기!"

"엄마, 엄마가 나를 사랑하는 것보다 내가 엄마를 더 많이 사랑해."

"아니야, 엄마가 너를 훨씬 더 많이 사랑하지!"

"아니야! 내가 더 많이 많이 엄마보다 더 많이!! 사랑한다니까!"

"야, 엄마는 너를 눈에 넣어도 안 아파요."

"어휴! 엄마! 나는! 엄마를 눈에, 코에, 입에, 귀에, 발가락(?)에 다 넣어도 안 아프다고!"

"픕."

그래, 엄마가 져주마, 네가 이겼다.

- 성탄절 케이크

아이가 유치원에서 케이크 만들기 체험을 다녀왔던 날이었다. 둥근 카스텔라 위에 단내 진동하는 딸기 시럽을 잔뜩 뿌리고 온갖 설탕 버무림 된 토핑들을 얹어 보기에 그럴싸한 크리스마스 케이크를 만들어 왔다. 크리스마스는 며칠 앞둔 터지만 당장 먹고 싶어 하는 아이를 보며 너랑 나랑 우리 미리 크리스마스 케이크를 먹어볼까, 했다. 그리고는 초를 켜고 소망을 말하기로 했다. 나는 늘 그렇듯 아이에게 이야기했다.

"엄마의 바램은 우리 식구 다 건강하고 행복한 마음 많이 갖는 거야."

그러자 아이는 이런다.

"엄마, 내 소원은 내가 죽을 때까지 엄마도 같이 살다가 나랑 엄마랑 같은 날 죽는 거야. 그리고 그때까지 엄마랑 행복하게 사는 거야."

조금의 애교나 장난기도 없이, 아주 진지하게 말했다. 근래 들어 엄마는 몇 살까지 살아? 나는 몇 살까지 살아? 이런 질문들을 하더니만. 엄마도 너랑 오래오래 만수무강하도록 노력할게. 그러려면 우선 네가 엄마 말을 더 잘 들어야 할 것 같구나. 사랑한다.

너는 곧 다 잊어버리고 살겠지만, 엄마는 영원히 기억할 거야. 평생 할 효도를 몰아서 한다는 아이의 이 시절에 엄마가 너에게 받았던 예쁜 사랑의 표현들. 잘 간직하고 살게. 고마워.

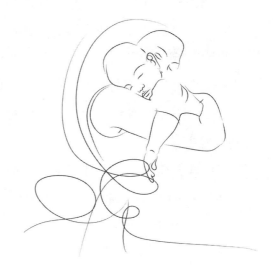

팔불출

내 새끼지만 아무리 봐도 얘는 예쁘다. 어떤 아이가 안 예쁘겠냐마는 얘는 정말 예쁜 아이다. 그것도 참 신기한 것이 얘는 못생겼는데 정말 예쁘다!

반짝이는 눈빛 하며, 영롱한 음색 하며, 까부는 에너지 하며, 숨넘어가는 웃음소리 하며, 어처구니없는 허세 하며, 재채기할 때 함께 뀌는 방귀 하며. 어느 하나 안 아까운 것이 없다. 내가 세상 살며 제대로 콩깍지를 뒤집어쓴 게지.

너를 너무너무 사랑한다. 내 반 토막밖에 안 되는 네가 나는 세상 가장 소중하다. 이 행복이 오래가길 오늘도 마음 모아 기도한다.

그냥 사람

어느 평범한 아침, 아침 식사를 하다가 문득 아이가 묻는다.

"엄마, 엄마는 왜 박사님인데 박사님을 안 하게 됐어? 왜 그냥 사람이야?"

아이가 말하는 박사님이란, 복잡한 연구실 또는 실험실에서 화학 연구를 하며 폭탄을 터뜨리거나 거대한 변신 로봇 같은 것을 만드는 그런 사람이다. 그런데 종종 지인들이 네 엄마는 박사(학위)라고 하는 말을 들어 알고는 불현듯 뭔가 앞뒤가 안 맞는다 생각한 것 같았다.

"아, 그건 왜냐하면, 엄마가 박사님을 하고 있었는데 네가 태어났어. 그래서 처음엔 어떻게 해야 할까, 아기를 잘 키우는 누군가를 찾아 너를 키우는 걸 도와 달라고 해야 하나, 생각했어. 보통 많은 아줌마 박사님들이 그렇게 하거든. 그런데 엄마 생각에는 너는 엄마의 아기인데 다른 사람이 키워주시는 것보다 엄마가 키우는 게 더 좋을 거로 생각했어. 엄마가 오랫동안 생각을 해봐도 엄마 아기는 엄마랑 같이 있는 게 더 좋겠다고 결정했지. 그래서 박사님을 더 못하더라도 아기를 키우는 것을 선택했어. 그래서 지금 이렇게 너랑 같이 있는 거야."

라고 했더니, 아이는 잠시 나를 바라보더니 와락 달려들어 나를 꼭 끌어안는다. 그러고는 품에 얼굴을 비비며 말한다.

"엄마, 내가 크면 엄마 하고 싶은 거 다 하게 해줄게. 한 번에! 한꺼번에! 다 해줄게!"

아이의 이런 표현이 정녕 지키지 못할 약속이더라도 그저 이렇게 듣는 것만으로도 좋다. 육아하는 엄마의 애씀을 크게 드러내지 않았는데도 아이가 몇 소절의 이야기만으로 자신의 고마운 마음을 나에게 돌려주는 순간이 근사했다. 아이가 엄마의 선택을 엄마의 희생으로 알게 하고 싶지는 않다. 하지만 아이 스스로 엄마가 자신을 위해 자신을 사랑한 모습을 느끼게 하는 기회는 아이와 나 서로에게 적잖은 감동을 안겨줬다. 그래서 순간 부질없는 생각을 한번 해 본다. 딱 이런 아이라면 하나 더 있어도 나쁘지 않겠다며.

제2장
극한 직업(무보수 주의)

신新 천지창조

　결혼 10년 차가 되어서야 느끼는 것이지만, 남편과 나는 어떻게 보면 정말 나이를 잊고 살던 철부지들이었다. 말 그대로 제 나이 먹는 것을 까맣게 잊고 진짜 어른이 되는 것, 진짜 가정을 이루는 것에 대해 참 무심했었다. 그러던 중 시아버지께서 병환으로 급작스레 돌아가시게 되고 뭔가 번쩍 번개를 맞은 듯 이제는 우리도 2세를 가져야 한다는 마음이 동시에 먹혔다. 그리고 그 뒤로 1년 반쯤이 지난 어느 봄날에 우리에게도 아기가 찾아왔다.

　아기가 배 속에 자라고 있음을 주변에 알렸던 임신 3개월쯤, 곧 내내 토하는 입덧의 시기가 온다는 임신 정보에 겁을 먹었다. 어떻게 대비하는 것이 좋을까 하던 나는 입덧이 오기 전에 양껏 먹어 두리라 마음을 먹고 때 아닌 보양식들을 섭렵하기 시작했다. 사흘이 멀다고 삼계탕을 기본으로 흑염소탕까지. 아, 그런데 도대체 입덧은 언제 오는 걸까. 오늘도 괜찮은데? 하지만 당장 내일 입덧이 올지도 모르니까 오늘도 잘 먹자. 그러나 웬걸 나는 입덧이라는 것을 전혀 경험해 보지 못했다. 간혹 삶은 브로콜리를 보면 비위가 좀 상했던 것이 다였다. 입덧이 심해 물도 못 삼키고 오히려 임신 중인데도 살이 빠져 병원 신세를 지고 하는 엄마들의 힘든 고생 이야기들도 종종 들어봤지만, 사실 아이를 품은 열 달 동안 내내 계속 아주! 너무! 잘 먹고, 이것도 저것도 다 냠냠 먹고, 몸무게는 계속 늘고, 입을 옷은 당연하고 신발까지도 모두 새로 장만해야 하는 것도 고난이라면 고난이었다. 말 그대로 배부른 고난! 물론 덕분에 아이는 참 잘 자랐다. 정말 감사한 일이다. 그리고 나도 무럭무럭 자랐다. 물론 위로 아니고 앞뒤로 그리고 양옆으로. 임신 전 160cm가 채 안 되는 키에 50kg 정도쯤 되던 몸무게에서 앞자리를 두 자리 갱신했다. 참으로 볼 만했다(맘껏 상상해보시라).

아기가 36주째쯤 담당 의사가 말하기를 이제는 아기가 언제 나와도 괜찮다 했다. 엄마 배 속에서 할 수 있는 성장을 거의 다 했다고 볼 수 있으며 오히려 아기가 더 자라면 엄마에게 출산이 더 힘들 수도 있다고 했다. 당시 주먹을 쥘 수 없을 정도로 부은 손가락에 손목터널증후군으로 양 손목에 보호대를 끼고는 디자인 잡지사에 연재하던 칼럼을 썼고, 임신 34주까지 이어졌던 강의를 위해 늘 책상 앞에 앉아 컴퓨터 자판을 붙잡고 사투를 벌이던 때였다. 그래! 좀 더 적극적으로 이른 출산을 도모해 보자. 아가야 이제 엄마 방 빼자!

열심히 걸었다. 내가 원래 걸어 다니는 것(싸돌아다니는 것)을 좋아하기도 했고, 임신 중에는 걷기 운동이 가장 안전하다고 해서 하루 평균 40분 정도 집 근처 공원을 돌거나 동네를 산책 해왔었다. 앞으로 좀 더 걸어보자며 하루에 한 시간 정도씩 걸었고, 순산에 좋다는 스트레칭에 쪼그려 앉았다 일어나기 등을 해봤지만 그것으로는 전혀 기미도 없었다.

그러던 중 비가 부슬부슬 오던 일요일 오후, 남편을 앞세워 산책길에 나섰다. 우산을 쓰고 별생각 없이 나섰던 산책길은 집 뒤 언덕을 오르는 것으로 시작해서 그 너머 뒷산까지 올랐다. 그리고는 다시 돌아 내려와 근처 대학교 캠퍼스를 길게 가로질러 내려가 번화한 대학가에 들러 감자튀김과 음료를 하나 사 먹고, 다시 버스 대여섯 정거장 정도 거리를 걸어 집으로 돌아오는 것으로 대장정을 마쳤다. 장장 두 시간 반에 걸친, 일반인에게도 다소 험난한 트레킹이었다.

그리고 바로 그다음 날 새벽 시작된 진통. 드디어 그렇게 기다리던 올 것이 왔구나 싶으면서도 내 생살을 찢는 출산이라는 그 자체에 대한 두려움에 사로잡혔다. 무서웠다. 그 두려움을 무슨 말로 표현할 수 있을까. 세상에 나만 남겨진 기분? 아마 그런 기분과 비슷할 것 같다. 곧 아기 아빠가 될 남편과 새벽녘 전화를 받고 부랴부랴 달려오신 친정 부모님과 함께였지만, 그 어떤 누구도 내 고통을 대신할 수 없으며 그렇다고 피해갈 수 있는 고통의 종류도 아니었으니까. 운다고 또는 웃는다고 해결되는 그런 무서움이 아님을 알았기에 더 무서웠다. 그래 그래, 세상 나만 아이 낳는 거 아니잖아. 세상 모든 엄마가 이미 아기를 낳았어. 괜찮아, 할 수 있을 거야. 하며 그저 이 시간을 잘 넘겨 이겨내는 수밖에. 차분한 척하고 싶은 마음과 콩닥콩닥 무서움에 요동치는 마음이 오락가락했다. 나는 진통 간격을 좀 더 정확히 잴 수 있는 애플리케이션을 찾아 휴대폰에 다운로드하며 오락가락하는 진통에 배를 부여잡았다 폈다 했다. 그리고 몇 주 전부터 오늘을 위해 생각해두었던 것을 남편에게 주문했다. 훗날 이야기를 들은 사람들은 첫 아이 진통에 그럴 정신이 어디 있었냐고 했지만. 나는 분명히 기억한다. 그때의 나, 꽤 비장했었다.

"오빠! ○○ 돈가스집 가서 왕돈가스 포장해다 줘. 나 애기 낳으러 가기 전에 그 돈가스 먹고 갈 거야."

38주 2일째 18시간의 진통 끝에 3.5kg 건강한 아들을 자연분만했다. 양쪽 귀가 모두 접힌 채 첫인상이 마치 퉁퉁 부은 권투선수 타이슨 같았던 아기. 무척 신기했지만 보통 사람들이 신생아를 표현하듯 천사 같이 예쁘지는 않았다. 3일 정도는 눈만 감으면 출산의 고통이 생생히 살아났다. 밤마다 고통이 되살아나 무서워 울었다. 출산 후 산모는 물도 따뜻하게 마셔야 하고 손발에 바람 든다며 한여름에도 털양말을 신으라고 했는데, 나는 한겨울에 출산했음에도 화르르 답답하고 타오르는 갈증이 심했다. 특히 출산 직후 극한에 달했던 갈증으로 남편에게 차가운 음료를 사다 달라고 해서 새벽까지 곁에 계셨던 시어머니 몰래 들이켰다. 조리원에서도 아이스크림을 사다 달라고 해서 먹었고 찬물도 벌컥벌컥 마시곤 했다. 다행히 큰 탈은 없었다. 다만 이후 아이 백일 때쯤 어금니 하나를 발치하게 되고 임플란트를 심게 되었다. 알 수 없는 치사한 감정이 좀 들긴 하지만, 뭐 꼭 찬 것 먹은 것이 원인은 아니겠지 한다.

들어는 봤나 신생아

기억을 더듬어본다. 내 아이의 신생아 시절. 머리에선 비릿한 젖내가 나고 탯줄이 떨어진 지 얼마 안 되는 배꼽에서는 고린내가 났다. 신생아들은 대부분 매일 목욕을 시켜야 하는 것처럼 알려져 있는데 겨울에 태어난 내 아기는 춥다는 이유로 신생아 시절 목욕을 매일 시키지 않았다. 사실 내 몸도 힘들었고 아기도 더러울 일이 없을 것 같아 그랬는데, 지금 생각해보면 참 잘했다. 그저 기저귀를 수없이 갈아대는 엉덩이만 잘 닦아 주었다. 보통들 갓난쟁이들은 손을 꼭 쥐고 있어 손에서도 고린내가 난다고들 했는데, 내 아기는 늘 손가락을 쫙 펴고 있어서 딱히 손을 특별히 닦아 준 적도 별로 없다.

아기의 이것저것이 신기하고 오물오물 꼼지락꼼지락하는 것이 하염없이 귀엽고, 부서질까 깨질까 애지중지했지만, 여전히 이 아기가 아직 사람은 아니라는 생각이 들던 시절. 나는 줄곧 신생아 시절 내 아기를 애벌레 또는 애호박이라 불렀는데, 연두색 줄무늬 옷을 입혀 놓으면 정말 그렇게 보이기도 했다.

아기는 낮이고 밤이고 무조건 두세 시간마다 울었다. 한 번에 많이 먹지 않으면서 온종일 두세 시간 간격으로 젖을 달라고 했다. 뱃구레를 좀 늘려보자는 속셈으로 억지로라도 조금 더 먹일라치면 어김없이 먹었던 것을 모조리 게워냈다. 평균 이하로 먹어서 조금 더 달래 먹여보려 할 때도 다 토해버리기 일쑤였다. 먹이고 10~20분가량 안고 트림을 시키는 것도 참으로 힘들었다. 병아리 눈물만큼씩 마시니 트림도 시원하게 하는 법이 없었다. 한밤중에 너무 힘들어 그냥 눕혀 재우려 하면? 그렇다, 당연히 게워낸다. 아기가 토하는 것을 막으려고 그냥 그렇게 아이를 안고 밤새 앉아서 자던 시절. 아아! 솔직히 나는 아이가 너무 예뻐도 다시는 그 시절로 돌아가고 싶지 않다. '산모'라 쓰고 '폐인'이라 읽던 때.

아이가 잠든 사이

보통 아이를 키우는 엄마들이 밤에 아이가 잠이 들면 '나는 이런 것(밀린 드라마 보기, 책 읽기, 야식 먹기 등)을 했다'는 식의 이야기들을 들었었다. 그래서 나는 당연히 나도 나의 아이가 잠이 들면 무언가를 할 수 있겠지 생각했었다. 하지만 그것은 나의 오만이요, 내 아이에 대한 자만이었다.

내 아이는 잠을 재우는 것까지는 극한은 아니었다고 생각하는데, 보통 자장가 열 번 정도에 이야기 한 가지 정도 해주면 잠들어주었다. 하지만 문제는 '엄마가 옆에 함께 누워있지 않다'라는 것을 정말 귀신같이 알아차린다는 것에 있었다. 내가 내 아이를 키우며 '정말 귀신같아'라는 표현을 종종 쓰곤 해왔는데, 그 표현이 늘 맘에 들지 않아 다른 적당한 설명이 없을까 생각해보았지만 정말 그 외에 다른 말이 전혀 생각나지 않는다.

밤엔 침실 밖에 있는 화장실 물도 내리지 못했다. 그 소리에 깨서 우니까. 티브이 시청? 최저 볼륨으로도 볼 수 없었다. 설거지? 할 수 없다. 샤워? 당연히 못 한다. 설상가상으로 아이가 두 돌 때까지 윗집에 살던 무뢰한 같던 가족이 애들이고 어른이고 특히 밤 10시부터 12시까지 소리를 지르고 뛰곤 했는데 매일 같은 그 소리에 매번 깨서 울었다(심할 때는 새벽 2시까지도 드르륵드르륵, 쿵쾅쿵쾅, 정말 그때는 개념을 똥구멍으로 처먹은 윗집 때문에 돌아버리는 줄 알았다. 직접 올라가 부탁하고 하소연을 해도 영혼 없는 한마디 죄송해요, 뿐). 거기에 하나 더. 내 아이는 낮잠 시간 역시 엄마나 할머니가 안고 있어야 했고, 내려놓으면 영락없이 잠에서 깨버려서 달랠 수 없이 우는 아이였다. 그냥 우는 게 아니라 도대체 얘가 왜 이러나, 이 아이에게 내가 모르는 무슨 일이 벌어진 건가 싶을 정도로 잠투정이 심한 아이였다. 때문에 낮잠 시간에도 별달리 할 수 있는 일은 없었다. 그러다 보니 아이가 잠이 들어도 아이 옆에 누워서 내가 고작 할 수 있는 것은 '폰 질' 뿐이었다. 하지만 그것도 잠깐, 어두운 곳에서 오랫동안 모바일 화면을 바라본 대가로 눈이 늘 침침한 듯하더니 평균 보다 서둘러 노안(老眼)에 이르게 되었다.

그렇게 꽉 채운 4년을 보내고 나니, 언제부터인가 잠자리에서 함께 누워 재워 주면 밤새 잘 깨지 않고 잔다. 그리고 나도 아이가 잠들 때쯤 보통 그냥 함께 꼬꾸라지기 일쑤다. 그럭저럭 상황 종료인 듯 보이지만 생각지 않았던 또 다른 문제가 시작되었다. 다른 집 엄마들은 아이가 어서 자라서 캠프 등에 보내고 아이 없는 집에서 편안한(?) 밤을 보내고 싶다고 하던데, 나는 이제 아이가 없는 잠자리는 상상이 안 된다. 아이를 재우려고 자자고 하는 것이 아니라 내가 피곤해 눕고 싶어서 아이보고 빨리 자자고 하는 상황에 이르게 되었다. 이제는 내가 아이 없이는 못 자게 되었다는 반전의 결과.

2인용 변기

아기가 첫돌이 지났을 때인가, 아기를 고정된 놀이 의자에 앉혀놓고 화장실 바로 앞까지 의자를 옮긴 뒤 반쯤 화장실 문을 닫고 들어가 볼일을 본 적이 있다. 아기는 자기 힘으로 엄마에게 갈 수 없어 울기 시작했고 그렇게 시작된 오열은 단 몇 초 사이에 급기야 분수 같은 토를 하며 숨이 넘어갈 지경에 이르렀다. 사실 그때 나는 아기도 무척 걱정되었지만, 생리적 현상도 내 맘대로 할 수 없는 이 상황에 말 그대로 멘탈 붕괴가 일어났던 것 같다. 아기는 숨이 넘어가기 직전이고, 천으로 만들어진 장난감들은 아기의 토사물에 다 젖어버렸고, 나는 나의 동물적 욕구를 해결했나 못 했나 잘 기억도 나지 않는다(뭐, 싸긴 쌌겠지). 그 뒤로 못해도 꼬박 2년간 나는 화장실 볼일을 볼 때 아기를 무릎에 앉히고 봤다. 상상하고 계시는가? 어떤가? 우습나? 말이 안 된다고 생각하는가? 아니, 장담컨대 분명히 있을 걸, 나 같은 엄마.

그러던 언젠가, 아이가 만 세 돌이 지났을 때. 내가 볼일 보는 중 엄마를 부르며 달려왔는데, 윽! 하며 제 코를 쥐고는 화장실 문을 쾅 닫아주고 가버린 일이 있었다. 하하하. 나는 당시 무척 웃었다. 내 모습도 아이의 행동도 우스워 깔깔거렸다. 아! 이제 나도 내 변기 사생활을 지킬 수 있어! 기쁘다! 하지만 내 인생에 아이의 등장 후 시작된 나의 사생활 침해의 후유증은 지금도 아이와 둘만 있을 때 종종 화장실 문을 활짝 열어놓고 볼일을 봐버리곤 하는 습관으로 이어지고 있다. 지금 와서 아이에게 너 엄마가 똥 쌀 때도 엄마한테 안겨 있었던 거 기억나? 물어보면 당연히 기억 안 난다고 한다. 도리어 나를 어이없는 표정으로 바라보며 어처구니없다는 듯 웃는다.

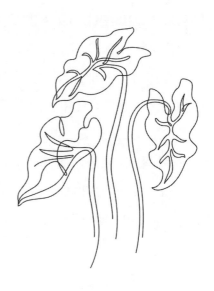

몇 kg까지 휴대할 수 있으세요?

지금으로부터 이십 년 전쯤 처음 샀던 내 노트북 컴퓨터는 4kg 가까이 되었던 것으로 기억한다. 지금 초경량으로 나오는 노트북 컴퓨터들이 1kg 초중반인 것을 생각하면, 4kg이라는 무게는 지금 노트북을 세 개 정도를 모은 무게다. 당연히 이십여 년 전 노트북은 휴대용으로 만들어지긴 했으나 감히 어딘가 들고 다니며 사용하기엔 무겁고, 무겁고 또 무거웠다. 신생아들의 무게는 보통 3kg 전후이다. 3kg 미만으로 태어나는 아이들도 많지만, 어찌 되었든 보통 2주쯤 지나면 3kg은 훌쩍 넘는다. 갓난아기는 대부분 누워서 시간을 보내지만, 백일 전후가 되면 점점 누워있기 싫어하고 에미야 나를 안아라 빨리 안아라 낑낑거리기도 하며, 안고 있다가 잠들어

내려놓으면 어김없는 등 센서가 작동한다.

벚꽃 축제가 한창이던 4월이 아기 백일쯤이었는데, 나는 슬링이라 부르는 작은 해먹 같은 띠에 아기를 담고 아기와 함께하는 첫 외출을 했다. 글쎄, 이미 아기는 6kg도 넘었던 것 같다. 그맘때쯤 아기는 유난히 오동통했는데, 허벅지는 꿀벅지요 볼은 잔뜩 부푼 찹쌀떡이었다. 그렇게 신나게 한두 시간 벚꽃을 즐기고 돌아온 다음 날 온몸이 쑤시고 팔이며 허리며 등이며 몸살이 온 듯이 삭신이 아팠다.

그날을 시작으로 나와 아기와 아기 띠와의 삼위일체 시절이 시작되었다. 처음엔 아기가 무겁고 특히 허리며 등이 아프고 했지만, 어쨌든 청소며 설거지며 집안일도 해야 하고 종종 장도 보러 나가야 했기에 어쩔 수 없었다. 내가 집안에서 이런저런 일을 해야 할 때 아기를 안전하게 보관(?)할 요량으로 사방에 가드가 튼튼한 아기 침대도 들여놓았지만, 막상 내 눈에 안 보이는 곳에 아기를 혼자 둘 엄두가 안 났었다. 그리고 업무가 없는 요일에도 매일같이 친정엄마께 신세 지는 것이 죄송하기도 했다. 그러다 보니 아기를 업고 청소기를 돌리고, 빨래를 널고, 찬 바람 불던 때는 아기를 안고 내 외투를 함께 입고 장을 보러 다니곤 했다. 유모차를 태우지 그랬어? 하시는 분들 계시겠지. 참 유난하게도 내 아기는 유모차를 한동안 거부했다. 카시트는 물론이고 어딘가 태우고 다닌다는 것을 제대로 하지를 못했다. 그러다 보니 아이가 유모차를 잘 타게 된 뒤에도 나는 뭔가 모를 불안감에 무거워도 아기를 내 품에 안고 다니는 것을 즐기게 되었다. 아기는 그렇게 8kg, 10kg 성장해 갔다. 아이를 안고 걸어 다니는 내 모습은 날이 갈수록 뒤뚱뒤뚱 어그적거리며 흉했을 것이다. 하지만 그때를 기억하면 진심으로 나는 내 아기를 품에 안고(매달고) 쪽쪽 입 맞추고 이것저

것 보이는 것에 관해 이야기를 들려주며 정답던 때가 눈물겹도록 그립다. 정말 좋았다. 마치 배 속에 아이를 넣고 다니던 때와 비슷하지만, 아기의 얼굴을 보고 아기의 웃음을 보며 나도 함께 웃을 수 있었던 때. 이건 정말 무보수라도 정말 좋았던 극한 육아 중 하나.

하지만 그렇게 자라 아이의 엉덩이가 더는 아기 띠에 안 들어가게 되었고 사촌 누나에게 물려받은 킥보드를 타기 시작한 27개월, 기저귀를 단 1주일 만에 뚝딱 떼었던 30개월, 그리고 16kg에 육박했던 48개월 무렵까지도 늘 안고 업고 다녔다. 삭신이 쑤시는 후유증 외에도 한껏 승천한 승모근, 비범하게 벌크업 되어서 차렷 자세가 잘 안 되는 어깨와 팔 근육을 자랑하며, 이 미련한 엄마는 그래도 놀다 돌아오는 길에 잠든 아이가 가여워, 제 몸 부서지는 줄 모르고 여름엔 땀으로 옷을 민망할 정도로 적시며, 겨울엔 거친 숨 때문에 앞이 안 보이도록 습기 찬 안경을 쓰고 아이를 들고 매고 집으로 돌아오곤 했다.

작은 콧구멍의 나비효과

내 아이는 선천적으로 콧구멍이 작게 태어났다고 했다. 신생아 검진 때 의사가 "콧구멍이 작은 편이고요." 라고 하길래 외형상 특징을 말하는 것인가 하고 말았는데, 그 진단은 말 그대로 숨 쉬는 데 있어 콧구멍이 다른 아이들보다 좁다는 것을 말하는 것이었다. 그 때문이었는지 신생아 시절 아기는 유난히 코를 골았다. 그 소리는 마치 돌고래 소리 같았는데, 빼래랙빼액 삐리릭삐익거리며 자는 것이 신기하고 귀엽기도 했지만 참 시끄럽기도 했다. 어쩌면 그때도 코로 숨 쉬는 것이 힘겨워서 그랬던 것일까. 지금 생각해보면 좀 가엾다.

한번은 입 짧은 아기가 분유를 한 번에 양껏 잘 마셔주어 내가 너무 기쁜 나머지 "아이고, 예쁜 내 아가."하며 안고는 덩실덩실 거실 두어 바퀴를 돌았다. 그리고 곧장 아이는 내 품 안에 마신 분유를 다 게웠다. 아마도 엄마의 어깨춤에 멀미가 난 것이었겠지. 으이그, 이 어리석은 엄마 같으니라고! 후회막급이었고 스스로가 참 한심했다.

그래, 내 아기뿐만이 아니라 보통 아기들은 원래 잘 토하고 올려 넘기는 존재지. 아기들이 신생아를 벗어나고 영아에 돌입하면 장기가 자리를 잡으며, 직선으로 뻗어있던 내장들이 구불구불하게 성장하고, 아기 자신의 몸도 커지며, 이가 나고 건더기를 먹고 소화를 시키며, 앉아서 놀 줄 알게 되고, 돌쟁이에 가까우면 걸음마도 하게 되는 것이지. 그러면 아무래도 큰 이유 없이 쉽게 토하는 횟수는 줄어들게 마련일 거야, 했다. 그런데 작은 콧구멍에 덩달아 불편해질 수밖에 없는 호흡기와 기관지는 내 아기에게 유난히 잘 토하는 재주를 주었다. 아니지, 토를 잘하게 만들었다는 표현보다는 삼키는 것을 힘들게 만들었다는 표현이 더 옳겠다.

내 아이의 작은 콧구멍과 기관지는 안 그래도 예민한 기질을 가진 아이의 삶을 참 힘들게 만드는 비애였다. 다들 알다시피 아기들이 토하는 것은 정말 흔하디흔한 일이지만, 그래도 이 아이의 토는 정말이지 거의 비극적 수준이었다. 종종 먹는 것보다 토하거나 뱉어버리는 양이 더 많은 아이. 이 때문에 매일같이 아이를 먹일 시간이 되면 전쟁터에 나가기 전 무장하듯 마음을 늘 다잡아야 했던 나. 어쩔 땐 식사 시간을 너무 비장하게 준비하는 나 자신의 모습을 보고 내가 혹시 아이 먹이는 것에 병적으로 집착하나 하는 생각도 들었다. 아이 입에 한 숟가락 떠 넣고는 아이의 눈치를 살피고, 아이가 필요 이상으로 예민해지지 않게 하려고 밥을 먹이며 노래도 불러주고 이야기도 해주고 주변 눈요깃거리가 되는 물건들에 시선을 돌리게도 했다. 동분서주 동공을 굴려대며 아이 눈치를 살피느라 분주한 마음과는 달리 평화로운(영혼 없는) 표정으로 매번 아이의 식사 시간을 챙기던 내 모습. 아 진짜 지금 생각해도 당시의 내가 참 눈물겹다. 그때는 정말이지 한 끼 아이가 밥을 잘 먹으면 내 인생 트로피를 받은 기분까지 들 지경이었다. 하지만 아이도 일부러 그러는 것이 아니니 어쩌겠는가. 하루에도 몇 번씩 그렇게 딱히 별다른 이유도 없이 먹은 것을 게워 올리려면 자기도 힘들겠지. 가끔은 열 받고 화내는 엄마의 모습에 죄책감도 들게 되었을 터이고. 먹어야 사는데 이건 살려고 먹는 건지 죽지 못 해 먹는 건지 모를 판.

그래도 한국 나이 여섯 살 때쯤 되니 그 태생이 좁은 콧구멍도 기관지도 조금씩 넓어졌다. 그렇게 내내 넘기고 뱉어대던 아이는 만 4세가 지나서야 토하는 횟수가 조금씩 줄어들었다. 그래도 여전히 먹는 중간에 자기 마음에 안 드는(비위 상하는) 그림을 본다든가 이야기를 들으면 구역질을 해대기 일쑤다.

누구를 위한 이유식인가

　보통 신생아들이 얼마큼 먹고 자라는지 사전 지식이 전혀 없었던 나는 여기저기 육아 정보들을 찾아보며 아이의 식생활을 유지해 나갔다. 처음에야 두세 시간마다 젖병을 물리는 상황이니, 온종일 먹이고 재우고 기저귀 갈고 먹이고 재우고 기저귀 갈고의 반복이었지만. 한 달 두 달 흘러가며 분명 아기들이 먹는 양이 많아지고 기간도 길어진다고 하는데 내 아이는 그다지 변화가 없었다. 다행히 겉으로 부족해 보이지 않게 성장하고 있었기에 괜찮겠지 하며 키웠지만. 남들보다 느지막이 시작한 이유식 역시 단 한 번도 맛있게 좋은 양을 먹어준 적이 없었다. 새끼 고양이도 내 아이보다는 더 먹었으리라. 정말이지 짧디짧은 입이었다. 무엇이 부족한 걸까, 무엇이 잘못된 걸까, 무엇 때문에 잘 안 먹는 걸까, 도대체 뭐가 문제일까.

발전이란 원래 부족함에서 시작된다고 했던가. 정말 별의별 재료로 별의별 이유식을 시도했지만 늘 결과는 비슷했다. 내가 그나마 요리를 즐기는 편이라 다행이었지 아마 그렇지 않았다면 더 많은 스트레스를 받았을 것이다. 특히나 돌쟁이의 철분 섭취를 위해 자주 먹이려 노력했던, 딱 아이 손바닥만 한 비싸고 질 좋은 한우 등심을 사다가 만든 이유식을 두 입 또는 세 입 정도 받아먹고 거부할 때는 정말이지 화딱지가 치밀었다. 야! 엄마는 비싸서 먹지도 못하는 거야! 라고 윽박지른 적도 있다. 메뉴도 이것저것 늘 번갈아 가며 해주다가 뭐하나 좀 특별히 잘 먹는 듯해서 연달아서 해주면 입도 안 댔다. 처음에는 값비싼 재료들이 아까워 내가 긁어먹었다. 도대체 누굴 위한 이유식인가, 허탈한 마음으로 내 입에 털어 넣었다. 하지만 그것도 한계가 있지, 1년을 넘도록 매번 같은 상황에 나중엔 남기거나 거부하면 예외 없이 변기에 부어 버렸다(쓰레기통에 버릴 때 보다 좀 더 통쾌하다. 하지만 막히지 않게 유의해야 함).

7개월쯤 마음먹고 시작한 아이의 이유식 끼니는 그다지 양껏 잘 이루어지지 않았고, 그나마 때 되면 배를 채운다는 것이 분유 섭취였다. 어쩔 수 없이 24개월까지 분유를 주식으로 삼았고, 종종 밤에 자다가도 한 번씩 분유를 찾기도 했었다. 그즈음 나는 이 분유를 어떻게 끊어내나 좀 고민했던 듯하다. 그러다가 딱 두 돌을 맞이하던 달에 아기가 장염에 걸렸는데, 잦은 설사를 하다 보니 당분간 유제품 금지령이 떨어졌다. 그렇게 3일쯤 분유를 굶고 너무나 자연스럽고 신기하게 다시는 젖병을 물지 않게 되었다.

그렇게 시작한 본격적인 아이의 식사는 하루에 세 끼씩 무엇을 어떻게 먹고 지냈는지 기억이 없다. 정말로 기억이 안 난다기보다는 특별히 뭘 먹여 키웠는지 메뉴가 없다는 이야기다. 이것저것 짜고 맵고 안 좋은 화학적 성분이 들어간 것 빼고는 다 먹여봤던 것 같다. 그렇게 아이는 그저 내가 보기엔 딱 굶어 죽지 않을 정도로 먹고 지냈다. 사실 이 당시 여러 가지 유아식을 만들어 먹이며 이야! 이 정도 수준이면 내다 팔아도 잘 되겠어! 생각이 들 정도로 정성을 들였다. 마음 한편으론 나름 열심히 달려오던 일을 내던지고 뛰어든 육아라 더 애를 썼던 것 같다. 오히려 내 몸이 좀 편하면 죄를 짓는 것 같은 기분까지 들었고, 쉴 새 없이 움직이고 일을 만들고 벌이며, 단 하루도 가만히 있는 날 없이 시간을 보냈다.

한겨울에도 아기 띠로 아이를 안고 포대 자루같이 커다란 외투를 함께 걸치고는 장을 보러 다녔다. 그냥 가까운 대형 마트에 가도 괜찮았는데 일부러 재래시장이나 유기농 마트까지 돌아다니며 온몸에 있는 에너지를 모두 써버릴 양 쇼핑한 짐까지 바리바리 들고 돌아오기가 일쑤였다. 하지만 계속 말했다시피 내 아이는 그다지 잘 먹어주는 아이가 아니었다. 아이 핑계로 그렇게 장을 봐서 만드는 음식들은 사실상 어른들의 식단이 되기도 했고 가까이 사는 친척들에게 돌리는 특별 반찬이 되기도 했다. 그 덕에 늘 팔목이 저리고 허리와 등이 쑤셔댔지만 정신을 채찍질하기 위해 몸을 혹사하는 꼴이었다고나 할까. 어느 누가 상금을 준대도 이렇게 할까. 하지만 한편으론 그립다. 그때 그 겨울, 내 품에 둘이 꼭 붙어서 추위에 같이 호호거리며 눈 마주 보고 함께 볼 비비며 아이를 안고 함께 돌아다녔던 그때. 그 작던 아이가 그립다.

나를 살린 너

    보통 한국 나이 세 살이라고 하면 대부분 엄마는 어린이집이라는 곳에 아이를 입문시킬 생각을 한다. 물론 각자의 상황과 형편에 의해 더 어린 나이에 어린이집을 다니게 되는 아이들도 있다. 나 역시 아이를 배고 막달쯤 되었을 때, 여기저기 육아의 선배격인 지인들에게 들은 풍월로 이른 어린이집 신청을 해놓았다. 당시 원하는 지역으로 세 곳을 미리 신청해 놓을 수 있었기 때문에, 이름도 없는 아이의 서명란에 남편과 나의 성을 한 글자씩 써넣고는 아이가 두 돌이 지나면 나도 어린이집에 아이를 보내게 되는 것이 적당하겠다고 생각했다.

    이른 준비 덕분에 아이가 10개월쯤 되었을 때부터 신청해 놓았던 어린이집에서 연락이 왔다. 물론 그때는 아이가 너무 어려 아직 보내기가 힘들다 답신을 했고 차례를 미뤄 달라, 부탁해놓았다. 그렇게 두어 번. 그러던 중 아이는 26개월이 넘었고 나의 아이는 이전보다 더 엄마를 찾는, 이른바 '엄마 껌딱지' 중 탑 오브 더 탑이 되어 있었다. 혹자들은 그랬다. 엄마의 부재를 기억하고 있어서 분리 불안이 심한 아이가 되었다고. 또 다른 누군가는 엄마가 너무 잘해주어 아이가 엄마에게만 집착하는 것이라고 했다.

어찌 되었든! 그쯤 나는 작정하고 앞으로 나의 1년은 모두 육아에 써보겠다 하던 참이었다. 하지만 처음부터 확신에 차 있었던 것은 아니었다. 아이에게 쓸 나의 365일 투자에 대한 의지 vs 더 해보자 하고 덤비면 아직 갈 길이 먼 전문직 일. 마음 한쪽의 고양감과 또 한편의 불안감의 빅 매치. 전투 같은 시절이었다. 게다가 그 당시는 애같이 순진하기만 한 남편의 사업 운영도 좋지 않은 상황에 있었다. 아이를 낳기 전에는 산후조리까지도 자기가 해 주겠다 큰소리치던 남편은 산후조리는커녕 사업은 엉망진창이고 육아에 대한 조력은 오히려 마이너스였다. 그런 남편을 보며 매일같이 타오르는 분노는 조절이 힘들 지경이었다. 그 와중에 나는 그나마 내가 하던 일을 접을 생각을 하며 정말 내 결정이 옳은지에 대한 불안에 시달렸고, 하루가 더하게 엄마만을 붙들고 늘어지는 아이를 보며 정말 속이 시커멓게 타 바스러지던 시절이었다. 나라고 어찌 아이가 예쁘기만 했겠나. 귀하고 귀한 자식이라고 생각해도 내 몸에 내 마음에 불안과 울화가 가득 차 있는데, 아무리 아이가 방글방글 웃고 애교를 피우며 재롱을 편들 엄마 마음의 모든 그림자가 씻어지며 모든 근심을 잊는다는 건 절대 불가능해 보였다.

하지만 지금 돌아보면 그때 내 아이의 인생 3년 차, 나의 육아 신세계 3년 차는 내가 아이 곁에 붙어 아이를 보살폈던 때가 아니라 내 아이가 나와 함께 해주며 나를 치유해주었던 시절이었다. 말도 아직 못하는 아이와 24시간 붙어서 무엇을 하며 그렇게 온종일 서로 좋알거리며 깔깔거렸는지 모르겠다. 입이 도통 짧고 비위가 약해서 밥 먹이기가 정말 힘들었던 아이에게 삼시 세끼를 무슨 정신에 먹이며 키웠는지도 모르겠다. 아이가 잠들고 나면 불안한 마음에 무엇이든 닥치는 대로 찾고 보고 수집하고 고민하고. 예민함이 하늘을 찔러 밤에도 걸핏하면 잠에서 깬 이유도 모르게 이삼십 분씩 울어대는 아이를 안고 얼러서 다시 재우며 하루하루를 희망과 절망으로 오가던 내 모습은, 사실 반쯤 정신 나간 여자였다. 하지만 타고난 기질 덕일까, 아니면 나약해 보이는 내 모습이 치부라 여겨져서일까, 그것도 아니라면 더 어두운 밑바닥까지 절망할 용기조차 없었던 것일까. 나는 그저 맛이 간 나를 드러내지 않으려 무던히 노력했던 것 같다. 아니지, 당시 나는 내가 '상했다'는 사실을 자각하지도 못했고 그저 '살아보자' 했던 것 같다.

지금도 그때를 회상해보면 나도 모르게 눈물이 난다. 심신이 힘들었던 기억 때문에? 아니다. 그때 내가 내 아이로 인해 얼마나 큰 행복을 느꼈었던가, 말로는 도저히 표현이 안 되는, 그런 기쁨에 복받치는 감사의 눈물이다. 힘들고, 힘들고 또 힘들었을 때였지만, 아이러니하게도 그 개똥 같은 시절에 나쁜 마음 갖지 않고 살자, 살아 보자, 일어나자, 달려보자 할 수 있었던 이유가 바로 아이 때문이었으니까. 그 꽉 막힌 일상 안에서도 이토록 나를 원하고 사랑해주는 아이를 안고 따뜻함을 느끼고, 아이를 보고 웃고. 그저 보고만 있어도 좋다는 말을 실감하며 이런 게 정말 엄마의 마음이구나 알 수 있게 해준 내 아이에게 고맙다. 엄마를 구해줘서 고마워. 나를 살려줘서 고마워.

물고 빨고 지지고 볶고

아이가 36개월을 넘기면서 나는 한 번 더 선택의 갈림길에 서게 되었다. 한국 나이 네 살 아이를 가진 100명의 엄마 중 적어도 90명의 엄마는 당연하다고 생각할 어린이집 등원. 아이의 세 번째 생일을 앞두고 며칠 동안 나름 심각한 고민을 했다. 내 마음속의 소리를 잘 듣기 위해 그리고 아이를 더 진지하게 바라보기 위해.

내가 나의 첫 사회생활이었던 유치원을 다니던 때는 80년대 초반이었는데, 그때만 해도 국민학교(초등학교)에 입학하기 전 1년이 유치원 코스였다. 그나마 수도권이 아닌 곳에서 살았던 아이들은 유치원을 안 다녀본 아이도 있었다. 초등학교 입학 전 일곱 살에 딱 1년 다니는 유치원. 나는 당시로는 좀 특이하게 여섯 살부터 2년간의 유치원 생활을 했었는데, 내게 남아있는 유치원 생활의 기억은 별로 없다. 그래도 기억나는 것이 있다면 딱히 즐거웠다거나 재미있었다거나 하는 것보다는 단체 생활을 하며 늘 긴장하고, 규칙을 준수하려 노력하고, 선생님 말씀에 복종(?)하느라고 단하였다는 기억이 더 남아있다(사실 이런 기억은 초등학교 때까지 지속된다). 그것 말고는 미끄럼틀 위에 올라갔는데 어떤 아이가 나를 밀어 떨어지는 바람에 입이 터져 피가 줄줄 났던 기억 정도가 다다. 나의 부모님은 두 분 다 교육계에 종사하셨는데 그래서였을까 나는 어릴 때부터 교육 기관이나 선생님이라는 존재에 대해 호기심보다는 긴장감이나 무엇이든 틀리면 안 된다는 완벽함 따위의 마음을 가지고 있었던 것 같다.

나의 유치원생 시절, 그때의 어린 나의 마음을 헤아려 보자면, 나는 시키는 것을 잘하려고 노력했을 것이고, 칭찬받고 싶었을 것이며, 뒤처지지 않으려 이것저것 많은 눈치를 봤을 것이고, 잘 못 알아들은 부분을 알아들은 척하기도 하며 내가 속한 무리 안에서 잘 견디려 노력했었을 것이다. 고작 예닐곱 살 아이가 처음 겪는 사회생활. 물론 아무리 힘들다고 해도 그 정도 나이라면 할 수 있을 정도의 힘듦이었을 것이다. 보통 그 또래 아이들이라면 다들 그렇게 배우고 성장하고 성숙해져 가는 과정이니 말이다. 다시 말하자면 그저 '당연한 것'. 오히려 그 정도도 못 한다면 '모자란 놈' 소리를 듣는 것. 그런데 한동안 나의 깊은 마음의 소리에 귀를 기울이다 보니 들리는 소리. 힘들었어, 어려웠어, 무서웠어, 또 외로웠어.

내 아이는 여섯 살도 아닌 고작 36개월을 채운 네 살 아기. 차라리 뭣 모를 더 어릴 때라 적응이 쉬울 거라고 하기에는 귀신같이 예민한 아이. 많은 부모가 그럴 것이다. 제 아이를 키우면서 나는 이런 것은 절대 하지 말아야지 하는 부분이 따져보면 다 부모 자신이 겪었던 상처에 관한 것들이라고. 그것이 꼭 상처까지는 아니더라도 내가 싫었던 것을 내 아이에게 겪게 하고 싶은 부모는 없을 테다. 예닐곱 살도 힘들었고 무서웠던 첫 집 밖 생활에 고작 네 살짜리 아이를 밀어 넣고 싶지 않았다. 가여웠다. 나는 아이가 둘도 아니었고 셋도 아닌데, 고작 하나 있는 아이와의 단 한 번밖에 주어지지 않을 이 시절을, 내 품 밖에서 내가 보지 못하는 곳에서 흘려보내는 것을 용납할 수 없다는 결론에 이르렀다.

"얘가 다섯 살엔 유치원에 가게 될 테니, 이제 내가 끼고 있는 것도 이번 해가 마지막이 될 것 같아. 한해 더 얘랑 같이 하얗게 불태워 보려고."

또 한 번의 나의 육아 정책 발표에 친정 부모님과 나보다 육아 선배인 여동생까지도 유난스럽다며 적잖은 만류를 했다. 하지만 이상하게 내 마음은 오히려 편안하고 아이와 365일 24시간 함께 할 남은 1년이 기대되기까지 했다.

어떻게 놀까, 뭐 하고 놀까, 어디서 놀까, 1주일 치 계획을 짠다. 날씨를 체크하고 공기 질을 체크하고 아이와 나의 상태를 체크한다. 내 인생 통틀어 가장 열정적으로 놀 생각만 머릿속에 가득 차 있었던 해. 감히 말하자면 내 인생의 황금기. 아이와 둘이 함께 자가용으로 버스로 전철로 택시로 기차로 유모차로 두 다리로 우리가 갈 수 있던 모든 곳을 누볐던 때. 날이 안 좋아 집에서만 노는 날도 하루에도 몇 번씩 지지고 볶고, 또 껴안고 물고 빨고. 정말이지 나는 이 아이가 너무 좋았다. 이 아이를 정말 사랑하고 또 사랑했다. 그때를 회상하며 이 글을 쓰는 지금도 눈물겹게 아이가 보고 싶다. 보고 있어도 보고 싶은 내 아이. 보고 있으면 내가 받는 인생의 행복함에 취해 주책맞게 코끝이 찡해지게 하는 아이.

'엄마 껌딱지'라는 오명을 달고 살던 아이는 그렇게 엄마와 꼭 붙어서 성장했다. 그리고 이제 우리는 서로에게 가장 가까운 친구가 되었고 아이는 나의 작은 연인이 되었다. 그렇게 마흔 번 정도 계획을 짜서 최선을 다해 놀다 보니 1년이 흘렀다. 우리는 우리의 만남 4년 차를 그렇게 보냈다. 16kg이 되는 아이를 안고 업고 다닌 덕에 척추가 눌려 엉덩이 신경에 이상이 생기기도 했었지만. 아이와 그렇게 꼭 붙어 있었던 그때는 내 평생 살며 다시는 경험하기 힘든 하루하루가 사랑과 행복으로 가슴 뛰는 날들이었다.

코딱지

해외 유학 시절 오랫동안 룸메이트를 함께 하며 자매처럼 지냈던 친구와 이런 이야기를 나눈 적이 있다. 여전히 잦은 연락을 주고받으며 내 아이가 태어났을 때 자신이 아이의 대모(代母)가 되고 싶다고 자청했던, 이제는 아이의 폴란드 이모. 그 친구의 어머니는 젊은 시절 초등학교 교사를 하신 적이 있었단다. 그런데 당시 친구의 어머니는 수업 중에 코딱지를 파서 먹는 아이들 때문에 곤욕이셨다고 했다. 그래서 나는 으아 도대체 그걸 왜 먹어, 했더니 친구는 오묘한 미소를 지으며 어릴 땐 누구나 한 번씩 먹어보지 않아? 라고 했다. 헉. 웩. 나는 살아오면서 단 한 번도 코딱지 먹은 적 없다고 했고, 친구는 도리어 나보고 말도 안 된다는 표정을 지었더랬다.

이렇게 글로벌적으로 코딱지를 먹어보는 것이 흔한 일이던가. 지구상의 온 사람들에게 다 물어볼 수 없는 질문이니 정말 누구든 다 한 번쯤 코딱지를 먹어봤는지 알 수는 없다. 그러나 실제로 주변에서 아이가 코딱지를 파면 자꾸 먹어서 더러워요, 라는 엄마들의 푸념을 심심찮게 들어봤었고. 나 역시도 파서 먹는 아이를 직접 본 적이 있다. 하지만 단연코 나는 안 먹어봤다. 그리고 코딱지 안 먹어본 엄마에게서 태어난 내 아이는 '코딱지'라는 말을 듣기만 해도 구역질을 했다. 그러다 간혹 진짜로 먹던 것을 뱉거나 눈물까지 흘리며 게워 올리기도 했다. 그래도 그건 좀 심하다. 사실 뭐 코딱지 한마디에 토를 할 것까지는 없지 않은가.

처음 시작은 이러했다. 아이가 콧물감기 등의 이유로 코가 막혔고, 나는 코안의 이물질을 빼주려 했고, 그러다가 자기 코안에서 나온 코딱지와 대면한 순간! 아이는 그것에 대한 한없는 혐오와 환멸을 느낀 것이리라!

이후 평소에 코딱지라는 말을 듣게 되면 화를 내기 시작했고, 그 말을 안 들은 셈 치려 멀리 도망쳤고, 그 말을 하지 말라며 소리를 질렀다. 그래도 살다 보면 코딱지라는 말을 할 상황이 생긴다. 더욱이 엄마들 같은 경우엔 아이의 위생과 청결을 도맡아 애쓰기 때문에 나도 모르게 입에서 코딱지라는 말을 종종 하게 되곤 했다. 아이는 그때마다 눈에 눈물을 고여가며 코딱지 농성을 하곤 했다. 결국 우리는 결탁을 했는데, 그 내용은 코딱지를 '코찌찌'라고 말하기로 한 것. 지칭은 해야겠고 '그 단어'는 쓸 수 없으니 표현을 바꿀밖에.

약간의 시간이 흐른 뒤 이 이야기의 결말은 충격적으로 맺어진다. 아이러니하게도 저랬던 이 아이가 만 5세를 채울 무렵 자신이 가장 좋아하는 단어가 '코딱지'가 된다는 사실. 모든 것에 '코딱지'를 붙여 말하기 시작했다. 안녕 코딱지. 고마워 코딱지. 엄마 코딱지. 배고파 코딱지. 심심해 코딱지. 코딱지 코딱지 코딱지!

소셜 업그레이드

내 아이는 유아기 시절 나를 비롯한 어른들과 나름 많은 곳을 함께 다녔고 경험도 심심찮게 했다고 생각하지만, 그래도 매일 규칙적인 교육과 생활이 이어지는 정규적인 교육기관을 다닌 적은 없었다. 이래저래 미뤄진 상황도 있었고, 내심 내 품에 품은 채 허락되는 마지막까지 불태워보자 하는 욕심도 있었다. 어찌 되었든 한국 나이 다섯 살. 이제는 유치원에 보낼 작정이었다. 어린이집이 보육 기관이지만, 다섯 살(만3세)부터 등록이 가능한 유치원은 교육기관이라 심적으로 안정적인 느낌을 느껴왔던 터였다 (지극히 개인적인 느낌입니다). 그리고 이제 서너 살 핏덩이 시절을 지나 말도 다 알아듣고 자기 이야기도 잘 할 수 있는 나이이니, 잘 알아듣게 설명하고 일러주어 큰 무리 없이 유치원 생활을 시작할 수 있겠지, 믿었다.

이듬해 3월 입학을 앞두고 유치원 접수가 시작되던 11월경부터 희망하는 유치원에 입학 할 수 있기를, 좋은 선생님과 좋은 친구들을 만나기를 밤마다 아이와 함께 기도했다. 나의 진심 어린 기도 제목이기도 했지만, 한편으론 아이에게 지속적인 시그널을 주는 방법이었다. 간혹 일상적인 대화에서도 '이제 유치원에 가게 되면'으로 시작되는 대화를 종종 하기도 했다. 아이는 특별히 좋은 표정은 아니었지만 그래도 거부감 없이 이야기를 들었다. 그러다 유치원 생활에 대한 같은 설명을 또 들을 때면 이미 들은 내용이라며 아는 체하기도 했다.

접수 신청 몇 주 후 발표를 했는데 기도의 응답인지 원하던 사립유치원에 입학하게 되었다. 드디어 3월, 입학식과 함께 당일 정규수업이 이어지는 일정이었다. 유치원을 알아보러 다니며 한 번, 그리고 입학 통지 발표후 오리엔테이션 때 한 번, 그렇게 아이가 이미 총 두 번 유치원을 방문하고 구경하였던 터라 아주 낯설지는 않을 거로 생각했다. 하지만 입학식 내내 아이들이 앉아야 할 자리를 거부하고 내 옆 학부모의 좌석을 지키고 앉아 나를 불안케 하더니 그 결과는 처참하게 이어졌다.

입학식이 끝나고 학부모들은 돌아가고 아이들은 담임선생과 함께 잠깐의 놀이시간을 가진 뒤 점심 급식을 먹는 일정이었다. 그런데 한두 명의 아이가 엄마가 가버리자 훌쩍훌쩍 울기 시작했고, 울음은 금세 퍼져 서너 명을 제외한 반의 모든 아이가 울기 시작했다. 나는 그때까지도 나를 붙잡고 안 놓아주는 아이 때문에 돌아가지 못하고 있었는데, 내 아이는 그 험한 광경 안에서 가히 공포심에 가득 찬 얼굴을 하고 있었다. 엎치락뒤치락하다가 결국 아이를 떼어놓고 나오던 순간, 지옥에라도 끌려가는 듯 울부짖으며 엄마 엄마 외치는 아이를 뒤로하고 돌아 나오는 순간, 정말이지 내 머릿속에는 오만가지 생각이 뒤죽박죽 오고 갔다. 말 그대로 오만가지였다. 아니, 육만가지도 더 되었다.

두 시간쯤 뒤 정해진 하원 시간보다 이르게 아이를 데리러 갔다. 아침과는 달리 유치원 안은 평화로워 보였고, 아이들은 언제 울었냐는 듯 장난감을 가지고 놀고 있었다. 하지만 교실 한쪽에 앉아 울고 있다가 나를 보고 달려 나온 내 아이는 밥을 먹지도 않았고, 내내 울고 있었던 듯했다. 당시 젊고 순해 보이는 인상의 담임선생은 거의 잿빛 얼굴이 되어 아이가 계속 울고 있었던 것은 아니라고 했다. 그래, 어떻게 두 시간 내내 울겠는가. 초상집에서 곡을 해도 두 시간을 연속으로는 못한다. 자기도 힘드니 울다 쉬다 다시 울다 했겠지. 하지만 내가 보기엔 두 시간 내내 운 거나 진배없었다. 집에 온 아이는 실신하듯이 쓰러져 잠이 들었고, 그 가여운 모습을 들여다보며 내 마음도 찢어졌다.

크게는 두 가지 마음이었다. 첫 번째는 이유 불문하고 불쌍하고 가여운 내 새끼, 그리고 두 번째는 아니 왜! 도대체! 뭐가 문제인가! 이었다. 나는 지금 어떻게 해야 할까. 아이와 무슨 이야기를 나누고 어떤 말을 해줘야 할까. 내가 그동안 아이에게 뭔가를 잘못했던 걸까. 왜 내 아이는 이토록 예민하고 예민한 걸까. 왜 이렇게까지 힘들어하는 걸까.

다음 날 역시 아이는 나와 떨어지는 것을 두려워해 유치원 현관에서 한 시간 반을 보냈고 그 결과 유치원장의 특급 조치를 받았다. 2주간의 조정 기간. 점심 급식 시간쯤 원에 와서 밥만 먹고 하원, 그렇게 등원을 연습해보자는 내용이었다. 썩 맘에 들지 않았지만 그렇다고 내 입장에서 별다른 방법도 제시할 수가 없었다. 와중에 신기한 것은 어제 그렇게 울던 아이들은 하루 뒤 단 한 명도 울지 않고 등원하였고 내 아이만 탐탁스럽지 못한 특별대우를 받게 되었다는 점이었다.

　그렇게 아이와 나의 등원 사투가 시작되었다. 나는 아이를 달래고 어르고 또 화를 내보기도 하고 야단을 쳐보기도 했다. 정말 살면서 처음 만나는 내 안의 모습을 열두 가지가 넘도록 본 듯했다. 짧지 않은 시간 동안 유치원 생활에 대해 듣고 준비해왔고, 이해력도 좋던 아이라 자신은 유치원을 가야하고 그 사실이 변하지 않는다는 것을 충분히 알고 있었다. 아침에 일어나 등원 준비를 하고, 다녀오면 무엇을 할 수 있고, 무엇을 해 주겠다고 약속을 하고, 자기가 스스로 신을 신고 현관을 열고 등원 길에 나섰다. 하지만 문제는 유치원에 도착해서 문을 열고 들어가면 그때부터 시작되는 두려움과 괴로움은 자기 자신도 어떻게 안 되는 모양이었다. 머리로는 이해하되 마음과 몸이 안 따라주는 상황. 첫 1주일간 아이는 두 시간이면 두 시간, 세 시간이면 세 시간, 네 시간이면 네 시간을 울기만 하다가 돌아오기가 일쑤였다.

　유치원에서는 그런 내 아이를 보고 다른 아이들이 모두 다섯 살 이전에 어린이집을 다니다가 유치원에 오는 상황인데 내 아이만 유치원이 첫 사회생활이라 그런 것이라고 했다. 아이가 독립할 때가 지나도록 엄마가 너무 엄마 품에만 데리고 있어 그렇다는 말도 들었다. 엄마가 유난스러워서 (어린이집도 안 보내고) 똑똑한 아이를 또래보다 못하게 키웠다는 말까지도 들었다. 그러면서 아이를 제대로 교육하려면 엄마가 마음먹고 아이를 매몰차게 떼어내야 한다고 했다.

　하지만 사실 나는 마음먹고 매몰찰 생각이 없었다. 솔직히 엄마에게 매달리는 아이에게 있어 무슨 특별 비법이라도 되는 듯 툭하면 듣는 매몰차게 아이를 떼어내야 한다고들 하는 조치를 나는 경멸했다. 아무리 아이에게 사회적 규율을 알려주고 자신의 역할을 알려줘야 한다고 하더라도 고작 그런 이유로 세상 그 어떤 엄마도 자신의 아이에게 매몰찰 필요는 없다고 생각했다. 집 밖에 나가 받는 매몰참을 막아주진 못할망정, 기댈 곳 비빌 곳인 어미에게 그런 대우를 받는 아이가 어찌 정상적으로 성장 할 수 있겠는가.

어쨌든 나의 그런 마음과는 별개로 아이는 매일같이 울었다. 그 우는 아이를 단 한 번도 결석시키지 않았다. 나를 무슨 목숨이 달린 동아줄 마냥 붙들고 안 떨어지려는 아이는 매일같이 선생들에게 뜯겨 붙잡혀 들어갔고, 매일같이 오열했다. 내 마음도 매일같이 찢어졌고, 매일같이 쓰라렸다. 나도 울고 싶었지만 함께 울 수는 없고, 용기 내라며 애써 웃는 얼굴로 아이를 들여보냈다. 그리고 막연한 과거의 나의 행동들을 매일같이 질책하며 아이가 돌아올 서너 시간 뒤에 무엇을 어떻게 해서 하루하루 나아지게 할지 동분서주했다.

유치원을 다니는 것도 안 다니는 것도 아니었던 그 시절. 3주쯤 지났을 때부터는 등원하며 유치원 현관에서 서럽게 울었지만, 수업도 잘 듣고 밥도 먹기 시작했다(반찬은 거부하고 맨밥만 먹었다고 했지만). 아이가 자신을 잘 감싸준 담임과 친해지면서 아이는 열심히 엄마의 부재에 대해 인내심을 길러내는 중이었다. 그렇게 아침마다 오늘은 씩씩하게 울지 말자 약속하고 등원 길에 오르지만, 도착하면 내적 갈등이 극한에 이르고 결국 또 울어버리기를 무한 반복. 아아! 정말이지 영원히 반복될 것 같던 그 전쟁. 하도 많이 찢기고 터져서 이제는 상처 위에 상처가 또 나도 아픔조차 무덤덤해질 무렵. 두 달 반을 꼬박 채운 사투는 정말 기대하지도 않았던 어느 아름답던 봄날 기적같이 끝이 났다.

 내 아이는 그 이후 특별히 유치원을 거부하지 않고 즐겁게 생활했다. 오히려 다른 아이들보다 유치원에서 보내는 일상의 만족도가 높았고, 그렇게 힘들게 다 풀어내고 시작한 만큼 새로운 즐거움에 대한 적응력과 배움의 자세도 좋았다. 울지만 않았지 잘하던 등원을 갑자기 거부하거나 안 간다고 떼를 쓴다는 아이 친구들의 이야기를 들었다. 반면 내 아이는 날이 갈수록 즐거웠다. 고마웠다. 또 한 단계 자랐구나, 했다. 눈물겹게 대견했다. 하지만 그렇다고 단숨에 마음을 놓은 시간을 가질 수 있었던 것은 아니다. 아이가 아프지 않은 이상 무조건, 매일같이 간식을 준비해 나가 유치원에서 사귄 동네 친구들과 하원 후에 실컷 놀렸다(나는 동네 놀이터 죽순이 아줌마로 등극했다). 날이 좋을 때면 아이가 끝나기를 기다렸다가 곧장 차에 태워 조금 떨어진 큰 공원에 킥보드를 달리러 갔다. 행여나 유치원에서 힘들었을까, 행여나 어린 이 아이가 엄마 몰래 참고 있는 무거운 감정들이 있지는 않을까. 아이를 관찰하고, 아이를 바라보고, 아이를 안아주며 아이와 눈을 맞추고 엄마의 웃는 얼굴을 자주 보여주려 했다. 그리고 그런 나의 믿음에 보답하듯 아이는 엄마보다 더 빨리 성장하고 있었다.

제3장
우리의 봄날

뭐가 씐 게야

반짝이는 까만 눈. 만질만질한 작은 코. 보들보들한 우단 같은 뺨. 깔깔 깔 까르르 은쟁반을 구르는 옥구슬 같은 웃음소리. 엄마 엄마 하며 쉴 새 없이 좋알거리는, 코보다도 튀어나온 아기 새 같은 입. 머리카락이 조금만 길어도 머리 가마 곁에 아침마다 지어대는 까치집. 나는 너를 그저 바라만 보고 있어도 좋다. 더는 비할 것이 없을 정도로 좋다.

내가 지금껏 살아오며 연애할 때도 이런 감정이었던가? 이제는 기억도 희미한 연애 감정. 이 아이를 보며 문득문득 생각지 못한 곳에서도 퐁퐁 솟아나는 이 심장 뛰는 감사와 행복의 감정이 진짜 '사랑'이구나 한다. 지 금은 간혹 내가 튕기기도 하지만, 세월이 좀 흐르면 나 홀로 하는 짝사랑 이 될 수도 있는 이 사랑. 누릴 수 있을 때 감사하게 누려야지. 지금 받는 이 사랑 모두 다 받아 잘 챙겨 놓아야지. 나중에 마음 섭섭한 일이 생겨도 꺼내 보며 위안 삼을 수 있게.

엄마의 기도

아이와 나, 우리는 정말 많이 돌아다녔다. 거짓말 쪼끔 더 보태 정말 '하루도 안 빠지고' 공원으로 산으로 주야장천 싸돌아다녔다. 그 시작은 그저 닫힌 공간의 장난감보다는 열린 하늘 아래서 나뭇잎이나 돌멩이를 보았으면 했던 작은 바람에서였다. 열심히 데리고 다닌 것에 대한 보람인지 실내 인공 시설보다도 야외에서 자연을 느끼며 뛰고 달리는 것을 좋아하는 아이가 고마웠다. 풀밭 사이를 헤치며 나무를 느끼고 땅을 관찰하고 작은 열매와 씨앗들을 줍고 던져보며 바람 소리와 햇살을 느끼는 아이를 보면 많은 생각이 들었다. 이렇게 모인 하루하루들이 아이에게 어떤 힘이 될 수 있을까, 아이가 성장한 후에 어떤 모습으로 기억될까, 어떤 감성의 향수(鄕愁)가 될까.

너의 이 시절, 엄마는 기도해.

네가 느끼는 찰나의 햇살과 바람, 그리고 작은 잎사귀,

네가 힘차게 내딛는 모든 땅의 기운들이

네가 성장하고 삶을 살아가는 데에 있어서

너를 역동시키는 피가 되고 살이 되어

오랫동안 기운 넘치는 인생의 디딤돌이 되기를.

비싼 남자

아들 엄마. 흔히들 엄마는 여자이고 아들은 남자라 아들을 키우는 엄마들은 그들만의 고충이 있다고 여겨진다. 나는 딸을 키워보지 않았기 때문에 사실 어떻게 다른지 몸소 느껴 볼 수는 없지만, 간혹 그래 아들은 이렇구나 싶을 때가 있긴 하다. 가장 쉬운 예로는 레슬링 놀이이다. 무조건 몸을 던지고 본다. 내가 잠시 등을 보이기라도 하면 무조건 등에 달려와 나를 엎어뜨린다. 그러면 엄마 터져(?) 죽어, 라고 가르친 결과로 점점 뜸해졌지만, 제 아빠는 언제나 레슬링 파트너다.

이런 아들, 언젠가부터는 길을 갈 때도 엄마 손을 안 잡으려 한다. 혼자 갈 수 있다는 거다. 거의 애원하다시피 엄마 손 좀 잡아줘, 엄마 넘어질 것 같다고 엄살을 떨어대면 그때서야 선심 쓰듯 엄마 힘들어? 내가 도와줄게, 하며 마지못해 잡아준다. 그것뿐이랴 그렇게 '엄마 안고 엄마 안고(자기를 안으라는 명령)'를 입에 달고 살던 아이가 이젠 내가 끌어안으려 하면 몸을 쭉 빼고 버둥거린다. 엄마 좀 안아줘, 예전에 네가 안아달라고 할 때는 엄마가 다 안아줬잖아, 라며 내가 심통 난 소리를 하면 슬쩍 다가와 다리에 쓱 매달려주곤 간다. 벌써 정말. 치사하다. 너무 비싸게 군다.

예쁜 네 살

왜 아이들이 네 살이 되면 미워진다고 할까. 아이가 자아가 성장하며 자기의 주장이 생기기 시작해 아니야, 안 해, 싫어, 라는 말을 주로 입에 붙이고 사는 시기. 그런 시기를 어른들은 미운 네 살이라고 부른다지. 예전엔 미운 일곱 살이었다지만 점점 아이들 심신의 성장 속도가 빨라지며 미운 네 살이 되었다지. 그리고 일곱 살이 되면 미운 정도를 벗어나 죽이고 싶은 일곱 살이란 표현을 가져다 붙인다지. 와 정말. 아이에게 그런 표현 어이없고 무섭지만, 어느 정도면 저렇게까지 말할까 싶기도 해.

'미운 네 살'이라. 참 애꿎고 얄궂은 표현이다. 사실 아이의 네 살 때쯤은 정말 예쁘고 귀엽고 사랑스러운 시기인데 말이다. 어른들의 입장에서 엄마 아빠의 말을 한 번에 따르지 않고 자기의 주장을 시작한다고 그것을 '미운' 시기라고 이름 지어 버리다니. 한국만이 아니다. 외국에서도 3, 4세 (만2세)를 'terrible two'라고 하며 아이들의 그 시점을 힘들어한다. 내 아이도 한동안 무조건 '싫어 싫어'를 한 적이 있긴 있다. 하지만 크게 기억나게 고집을 부리거나 나를 힘들게 한 적은 없다. 나는 아이가 앞뒤 안 맞는 고집을 피우거나 다짜고짜 싫다고 하며 울 때도 그저 왜 안 되는지를 계속해서 논리적으로 설명하려고 했었다. 물론 아이가 그런 내 논리를 다 이해해서 고집을 멈췄다고 할 수는 없다. 하지만 내 생각에 아이는 무슨 말인지는 못 알아듣겠지만 그래도 엄마가 나를 진지하게 인격적으로 대하고 있구나, 하는 점에서 수긍했던 것 같다. 그렇게 한번 수긍한 아이는 비슷한 일로 미운 짓을 하는 일이 없었다. 맞다. 나는 아이가 미운 네 살일 때도 미운 적이 없었다. 사실 그때 내 아이는 정말 귀엽고 예뻤다. 나와 대화도 하고 자기의 생각도 조금씩 이야기 할 수 있게 성장하고 있는 아이의 모습이 정말 나를 행복하게 했다. 보호자와 보호받아야 할 대상의 조합이 아닌 정말 장단이 들어맞는 단짝으로 거듭나던 때였으니까.

나는 앞으로 아이가 일곱 살이 되어도 내가 아이를 미워하지 않기를 기대해 본다. 아이가 지금보다 더 예쁜 일곱 살이기를 기대해 본다. 그렇잖아, 사실 어떤 어른도 제 아이가 정말 미운 건 아니거든. 그건 그저 그렇고 그런 말에 불과하지.

아이에게 물었다.

"어른들이 네 살 아이들한테 미운 네 살이라고 하더라. 그런 말 알아?"

"으음, 어디서 들어본 것 같은데?"

"근데 엄마는 너 네 살 때 하나도 안 미웠다? 너 네 살 때 엄마는 너 얼마나 예뻤는데."

아이는 흘낏 나를 쳐다보며 샐쭉 한쪽 입꼬리를 올려 보인다. 기분 좋아 으쓱하면서도 그까짓 것 당연하지 하는 표정이다.

지금, 이 순간

    6년 차 아이와 함께 일찍 잠드는 생활을 하다 보니 새벽녘이면 잠이 깨 뒤척거리거나 몰래 일어나 내 볼일을 보거나 할 때가 있다. 특별한 일이 없을 때는 그저 눈을 감고 이 생각 저 생각을 하기도 하고, 자는 아이를 챙기며 깨지 않을 정도로 꼭 끌어안아 보기도 한다. 베개에 눌린 뺨과 병아리 같이 벌어진 작은 입으로 색색 숨을 쉬며 세상모르게 자는 아이를 보면, 말 그대로 마음이 스르르 녹아버린다. 아무런 생각도 안 하고 포근하고 따듯한 이불을 끌어안듯 아이를 꼭 안고는 나도 다시 잠들고 싶은 마음뿐이다.

    그러다가 불현듯 서글퍼지기도 한다. 이렇게 보드라운 뺨에 까칠한 수염이 나고 이렇게 말랑말랑한 팔뚝이며 엉덩이도 사라지겠지. 그렇게 아이가 자라면 나는 호호 할머니로 늙었을 테고, 지금 내가 느끼는 아이의 모습과 감촉도 기억으로만 남게 되겠지 하며 아이의 성장을 비관하는 주책을 떨기도 한다.

모든 건 지금, 이 순간. 미래는 걱정하기보다는 기대하라고 있는 것. 과거는 갇혀 있기보다는 딛고 성장하기 위한 것. 그리고 현재는 충분히 최대한 최선을 다해 누리라고 있는 것. 다시는 돌아오지 못할 이 시기, 아이와의 하루하루 그리고 나의 소중한 인생의 매일매일, 오늘을, 이 순간을 최선을 다해 행복하고 싶다.

불혹에 낳았어요

나는 오늘도 한다고 하고 있다. 아이가 갓난쟁이이었을 때나 여섯 살이
된 지금이나. 최대한 현실의 만족도를 높이는 것이 나의 육아 목표다. 매
시간, 오전 오후, 하루, 주말, 일주일, 한 달. 그렇게 모든 순간을 나름 한다
고 하고 있다. 간혹 유별나 보일 때도, 가끔은 멍청하거나 한심해 보일 때
도 있을 것이다. 그래도 늘 아이와 이야기한다. 와 오늘도 재밌었다, 오늘
도 좋았다, 그치?

아이 유치원을 종일반으로 신청 할 수도 있지만, 여전히 아직 어린아이
를 기관에 오랜 시간 있게 하고 싶지 않아서 정규 과정만 마치면 하원 시
킨다. 그러다 보니 2시 반이면 집에 돌아오는 일정이다. 그리고 보통은 아

이가 돌아오면 무엇을 하고 놀지 생각해둔다. 간식을 준비해 놀이터에도 가고, 뒷산에도 오르며, 공원에도 간다. 그리고 가끔은 마트도 함께 간다. 물론 날이 아주 궂거나 아이가 쉬고 싶어 할 때는 집에서 조용히 뒹굴뒹굴 하기도 한다. 하지만 내가 쉬고 싶어서 아이가 놀고 싶다는 것을 미룬 적은 없었다(보통은 내가 나가 놀자고 더 조르는 것 같다).

사실 나는 뭐 당연하다고 생각했다. 주변 엄마들이 아니 어떻게 그렇게 종일 아이를 끼고 있어요? 어떻게 그렇게 아이랑 매일 밖에서 놀아요? 할 때도 나는 그저 뭐 아이 키우는 게 다 그렇지요, 하며 대단하게 생각지 않았다. 내 아이가 예쁘고, 바라보고 있으면 좋고, 잘 보살펴야 하고, 건강하게 키워야 한다는 생각은 대부분의 엄마가 모두 하는 생각이지 나만 하는 생각은 아니니까 말이다. 그런데 이런 나를 보고 이웃에 사는 연배 높으신 사촌 새언니가 사촌 오빠께 그러셨단다. 아가씨가 첫 아이를 마흔에 낳았으니 그 아이가 오죽 예쁘겠냐고.

그 이야기를 들은 다음부터 역으로 내가 그 생각을 종종 한다. 어떤 때, 어떤 순간 내 아이가 마음 사무치도록 예쁠 때면 아, 내가 애를 마흔에 낳아서 그런가 봐, 한다.

우주 같은 아이

　전 세계적인 유행병에 유난히 길었던 2020년 봄, 하지만 제대로 느껴본 사람이 없는 2020년의 봄. 부처님 생일 축하도 한 달이나 미뤄졌고 벚꽃 개강도 아닌 모내기 시기도 훌쩍 넘긴 6월 개학이라는 초유의 사태가 벌어졌던 길고도 길었던 방학. 하지만 아이는 즐겁기만 하다. 여섯 살 형이 되었는데도 엄마와 매일매일 24시간 비비고 뭉개고 지지고 볶으며 하루를 보낸다. 다섯 살 유치원 생활을 마무리하고 여섯 살이 되어 바뀌는 반과 선생님에 대해 나름의 긴장감을 느끼던 터. 끝이 언제인지도 모르는 긴 방학은 아이에게 팬더믹 사태의 즐거운 점(?)을 느끼게 해주었다.

　전 세계의 하룻밤 사이 수천 명까지도 죽어 나갔던 바이러스와는 상관없이 매일 아침이면 밝은 해가 뜬다. 아이는 느지막이 눈을 뜨고 침대에서 자기 좋아하는 인형을 꺼안고 뒹굴며 사색하기를(뭉그적거리기) 삼십 여분. 그렇게 게으름을 한껏 부리고 세수도 안 한 체 식탁에 앉는다. 그리고는 옆자리의 나를 끌어당겨 껴안고는 말한다.

"엄마, 엄마아아, 엄마가 너무 좋아."

나도 애교를 받아주며 부스스 까치집 지은 아이 머리에 내 볼을 비빈다.

"나도 엄마 애기가 너어무우 좋아."

아기나 애기라는 말을 꽤 듣기 싫어하지만 그래도 내가 하는 건 봐준다. 말 나온 김에 한술 더 떠본다.

"엄마는 우리 애기가 너무 좋아서 보고 있으면 막 두근두근 마음이 떨려."

그랬더니 아이가 내 몸에 휘감은 팔을 풀고 시선을 내리며 천천히 답하는 말.

"...엄마, 나는 엄마, 엄마가 너무 좋아서 어쩔 땐 막 슬퍼져."

"응? 뭐? 슬퍼진다고?"

아이는 나를 바라보지 않고 고개를 숙인 채 고백하듯 그런다.

"응. 슬퍼져......"

아, 슬퍼진다라......

"아아, 그래, 엄마도 어떤 때 너가 너무 좋아서 눈물이 날 것 같은 때도 있었어."

"...맞아, 엄마. 나도 그런 느낌이야."

아이의 말을 듣고 나는 마음의 거대한 파도가 이는 느낌이었다. 그리고 다시 한번 확신했다. 어린아이들의 감정이 절대 성인의 그것보다 얕거나 가볍지 않다는 것. 오히려 단순하고 명료하여 더 정확하다는 것. 아이의 마음은, 아이의 머리는 더도 덜도 말고 딱 우주만 하다는 것.

당신은 사랑받기 위해 태어난 사람

코로나19 사태 이후 전후 없는 6월 개학(내 아이는 5월 27일에)이 이루어지고 아이의 유치원은 주 2회만 등원하는 시스템으로 이어지고 있다. 전염병 덕분에 방학이 길어진 아이는 거의 5개월이 넘도록 가정 보육을 하다가 다시 등원하게 된 셈이다. 방학이 끝나는 것이 아쉽다고 하면서도 내심 유치원에 가서 친구들과 만나 놀 생각에 들뜬 모습을 내비쳤던 아이. 그러나 유치원 생활은 전과 달리 배정받은 각자의 책상에 앉아 마스크를 착용한 채 놀이도 개인적으로만 해야 하는 상황이었다. 아이의 실망은 이만저만이 아니었다. 급기야 어차피 혼자 놀고 돌아다니지도 못하고 앉아서만 있는데 왜 유치원에 가야 하냐고, 전염병도 다 안 끝났다면서 왜 나오라고 하는 거냐고, 그냥 집에 있으면 되는 거 아니냐고 했다. 아이의 말이 틀린 것이 없는지라 나로서도 뭐라 반박하기 어려웠다. 그래, 아이로서는 100% 맞는 말이다. 전염병이 아직 있지만 그래도 괜찮다면서 유치원을 나오라고 하고는, 또 전염병 때문에 할 수 있는 게 별로 없다면서 아이들을 꼼짝 못 하게 하는 상황이니. 아이의 입장이 충분히 이해가 간다.

첫 월, 화 이틀을 등원하고 주말을 낀 5일을 쉬고 다시 등원했던 월요일. 아이의 하원 후 담임이 전화를 해서는 아이가 온종일 맥없이 놀이 활동도 시큰둥하고 울고 싶다면서 힘들어했다는 것이다. 그러면서 주말에 산에 다녀왔다고 하던데 혹시 아이가 주말을 너무 피곤하게 보내서 컨디션이 안 좋은 것인지 살펴달라는 당부였다. 집에 돌아온 아이는 평소와 크게 다를 것은 없어 보였다. 나는 아이에게 무슨 특별한 일이 있었는지 궁금했지만 있다가 잠자리에 들 시간쯤 해서 물어볼 요량으로 참았다. 그런데 저녁을 먹던 아이가 먼저 이야기를 꺼냈다.

"엄마, 아까 유치원에서 눈물이 날 것 같았는데, 내가 색종이를 오려서 눈에 붙였어."

"눈물이 날 것 같아서 색종이를 오려 붙였어? 왜?"

"눈물이 나오면 아무도 못 보게 하려고 붙였는데, 눈물이 안 나더라? 그래서 그냥 뗐어."

"아, 그랬구나, 그런데 왜 눈물이 나오려고 했는데?"

"......엄마가 갑자기 너무 보고 싶어서...... 그랬어."

"......저런, 엄마도 너무 보고 싶었는데, 그래도 엄마는 잘 참고 엄마 할 일 잘하고 있었어."

아이를 꼭 안았다. 아이도 나를 꼭 안았다. 그리고 엄마 보고 싶어도 울지 않아도 돼, 엄마도 너를 생각하며 잘 기다리고 있으니까 너도 용기를 조금 더 내봐, 했다. 그래도 눈물을 감추고 싶어 했던 모습을 보니 여섯 살인데 엄마 보고 싶어 운다고 하면 체면이 구겨진다고 생각하는 모양이었다. 유치원이 재미있었다면 엄마가 보고 싶어도 눈물이 나올 지경은 아니었겠지만, 이것도 저것도 좋은 것이 없는 상태에서 엄마 생각에 눈물을 삼켰을 아이가 눈앞에 선했다. 하지만 선생님이 네가 이유도 안 말해주고 울고 싶다고 해서 걱정하셨다고 내일은 씩씩한 모습 보여 줘봐, 했더니 아이는 내 염려와는 달리 대뜸 덤덤하게 알겠다고 한다.

어미아비 못 알아보던 신생아 시절을 제외하고는 유난히 엄마 껌딱지였던 아이. 만 세 돌까지도 엄마 곁 1m를 체 혼자 떨어지지 않던 아이(심지어 집안에서조차). 집안에 어른이 여럿 있어도 엄마만 찾던 아이. 다섯 살 첫 기관 유치원을 엄마와 떨어지기가 힘들어 석 달 가까이 내내 울며 등원했던 아이. 뭐하나 두루뭉술한 면 없이 엄마여야만 한다고 까다로운 기질을 드러내던 아이(물론 여전히 예민하고 까다롭다). 이런 상황에 놓여 본 엄마가 세상에 나 하나만은 아닐 것이다. 나와 같은 상황의 엄마들은 무슨 생각들을 했을까. 내 아이가 너무 나약하다고 생각할까? 아니면 내 아이만 왜 유독 이러는 걸까 할까? 이전에 그런 생각을 나도 전혀 안 했던 것은 아니었지만, 6년 차에 접어들며 나는 또 한 번 새로이 느낀다. 남들보다 키우는데 마음과 손이 많이 가는 내 아이의 행동이 결국은 나에 대한 엄청나게 큰 사랑임을 느낀다. 어쩌면 내가 내 부모에게 받았을 사랑보다도 더 큰 사랑, 어쩌면 내가 이 아이를 사랑하는 마음보다도 더 큰 사랑. 정말 그 순간 내가 아무리 이 아이를 사랑한다 해도 내가 아이에게 받는 사랑만 할까 싶었다. 그런 사랑을 나는 받고 있었다. 그것도 보물 같이 소중한, 보석 같이 반짝이는 나의 아이에게서. 감사하다. 사랑한다. 우리 못난이 내 사랑.

사랑의 숟가락

지금껏 6년 차의 육아를 하면서 그래도 그럭저럭 건강하게 즐겁게 성장해나가고 있다고 생각하지만, 그 와중에 정말 엉망으로 이어지고 있는 것은 아이의 식사 습관에 관한 것이다. 유치원이나 외부에서 내가 없을 때(거의 그런 일이 드물지만)는 스스로 먹지만, 아이는 여전히 나와 함께 있을 때면 도통 스스로 숟가락질을 안 하려 한다. 물론 자기가 좋아하는 메뉴는 그래도 달려드는 편이다. 하지만 보통 끼니라고 일컫는 식사 시간에는 제 자리에 가만히 앉히기도 수월하지 않다. 하지만 이것이 그저 아이의 탓만은 아니란 것을 알고 있다. 태생이 짧은 입에 예민한 입맛, 재료를 구별하는 귀신같은 식성, 한 치의 너그러움도 없는 식감의 호불호를 타고난 아이. 아이도 자신의 그런 점을 매우 힘들어한다. 마음은 안 그렇지만 몸이 반응하는 것들. 그리고 서너 살 이후부터는 아이가 먹다가 뱉어버리거나 구역질을 했을 때 자신의 그 행동을 엄마에 대한 죄책감으로 느끼는 모습을 봤다. 그럴 때면 내 마음도 과히 편치 않다.

태생적으로 원체 잘 안(못) 먹는 아이라지만 그렇다고 안 먹일 수는 없었다. 아이가 스스로 먹는 것을 힘들어하는 편이니, 궁여지책으로 아이 기분을 살피고 눈치를 봐가며 애써서 떠받들어 먹여주곤 했다. 그리고 그것이 지금의 결과다. 집 밖에서 친척 어른들이 내가 아이 밥 먹이는 것을 보면 아직도 엄마가 먹여줘? 하며 아이를 채근하거나 다 큰 애를 아직도 먹여 주냐고 나를 나무란다. 하지만 말했다시피, 아이를 그렇게 키운 나로서는 지금 와서 아이의 잘못된 식습관을 내가 나무라고 다그치는 것도 우스운 꼴이다.

그래도 만 5세를 온전히 넘기고 나니 스스로 숟가락질을 하는 일이 잦아진다(문장 자체가 우습다. 다 큰 다섯 살짜리 숟가락질을 칭찬하는 바보 어멈 같아서). 내가 옆에 있어도 별말 없이 스스로 밥을 떠먹곤 한다. 그러다가도 불현듯 기억났다는 듯이

"엄마- 먹여줘-"

한다.

한번은 아이에게 물어보았다. 대단히 힘든 일도 아니고 혼자 떠먹는 것과 엄마가 먹여주는 것과 똑같은 음식 먹는 것인데 도대체 뭐가 달라 그러냐고, 다른 어른들이 흉본 적도 많았잖아 하니,

"엄마가 먹여주는 것은 사랑이야"

라고 한다. 종종 나는 아아 애 밥 떠먹이다 늙어 죽겠네, 하고 있었는데. 내가 밥 떠먹여 주는 것을 사랑의 행위로 인식하는 내 아이. 뭔가 좀 당한

것 같은 기분이었지만 이상하게 내 마음이 따끈따끈했다.

그래서 나는 지금도 여전히 식사 시간 식탁에 앉으면 항상 아이의 옆자리에서 간택 받은 최고 상궁으로서의 식사 시중을 든다. 그래, 살면서 제 손으로 밥 못 먹는 아이가 어디 있겠나. 내가 지금 떠먹는 것 도와준다고 이 아이가 제 입에 밥 넣는 것 할 줄 모르는 사람이 되는 것도 아닌데. 엄마가 떠먹여주는 사랑의 숟가락을 많이 받아먹고 이 아이가 나이 육십이 되고 칠십이 될 때까지 엄마 밥숟가락 받아먹은 기억으로 더욱 행복하고 마음 따뜻한 인생을 살 수만 있다면! 그냥 나는 남이 뭐라든지 아이가 원할 때까지 최선을 다해 떠 먹여줘 볼 심산이다.

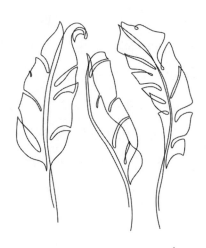

우리가 원하는 것

여섯 살, 65개월을 넘은 시점. 저녁 식사를 마치면 아이는 종종 제 방에서 놀자고 아빠를 꾀어 들어가서는 갓난아기 때나 몇 번 누워보고 사용하지 않게 된 아기 침대에 함께 누워 상황 놀이를 즐기곤 한다. 방문도 꼭 닫고 들어가서는 내가 밖에서 기웃거리며 뭐하나 듣다 보면, 소곤소곤 둘이 뭐라 뭐라 이야기를 하고, 어쩔 땐 배꼽 빠져라 깔깔거리고, 또 어쩔 땐 씩씩거리며 싸우고 나와 아이는 나에게 아빠를 이르고 남편은 나에게 변명을 한다. 후에 남편에게 뭐 하고 놀았느냐 물으면 그저 침대에 둘이 함께 구겨져 누워 이런저런 요점 없는 이야기들을 좋알거렸다고 한다. 그 모습만 보면 나름 애정 어린 아빠와 아들의 다정하고 정감 넘치는 시간 같아 보이지만, 사실 남편은 그 놀이가 좁고 불편하다며 틈만 나면 아이 방에서

탈출(?)할 생각을 한다.

그날도 그런 아빠를 보며 아이는 딴 것 해달라는 것도 아니고 그냥 같이 가만히 있어 달라고만 했는데(아이가 아빠는 뭐 하고 싶어 라고 물으면 남편은 이따금 아빠는 가만히 있고 싶다고 말한 적이 있다), 그것도 안 해준다며 섭섭함을 토로했다. 틈을 노리다 휙 하니 샤워를 핑계로 방에서 나가버린 아빠 대신 나보고 같이 올라가 눕자고 아이가 졸라댔다. 그런데 나는 이 아기침대에 사실 한 번도 누워본 적이 없다. 초등학생 정도가 사용해도 무방하게 큰 사이즈이긴 하다. 하지만 그래도 명색이 아기 침대인 데다가 임신과 출산 후 불어난 내 몸무게를 침대가 못 견딜 것 같고, 뭔가 삐거덕거리는 소리가 나면 부서져 버릴까 싶기도 하고, 접혀 내리도록 조절이 되기는 하지만 그래도 창살처럼 사방에 둘러 있는 나무 가드를 내 무거운 몸뚱이로 오르기에 부담스러워서였다. 하지만 남편도 종종 올라가 누워 놀았다고 하니, 그래 한번 누워볼까 하며 처음으로 아이와 함께 아기 침대에 누웠다. 그저 누워만 있으란다. 그러고는 내 위로 포개지듯 누워 내 팔을 자기 몸에 감은 아이는 방안의 이것저것에 대해 별 볼 일 없는 이야기를 이어 나가다가 불현듯 입을 다물고는 수 초간 조용하다. 그러더니 얼굴을 돌려 나를 바라고는 입을 쪽 내밀어 보이면서 애교 가득 섞인 코맹맹이 소리로 하는 말.

"엄마아아, 나 낳아서(낳아줘서) 고마워엉."

뜻을 정말 알고 하는 말인지 아니면 어딘가에서 들은 것을 따라 말하는 것인지는 모르겠지만, 아이는 엄마와 이렇게 아기 침대에 함께 누운 이 순간이 내심 감격스러웠나 보다. 그 말을 들은 나 역시 마음이 매콤하게 찡했다. 어떤 대답을 해줘야 지금 너의 행복감에 충족한 응대가 될까 생각하던 찰나 목이 메어버린 나는, 그저 엄마도 네가 내 아기로 태어나 줘서 정말 고마워 라고 하며 아이를 끌어안았다.

　아이의 감격이 나의 감격이 되던 순간, 아이의 행복한 감정이 나의 마음으로 가득 넘쳐오던 순간. 내가 아이를 기쁘게 해주는 것은 아이가 나를 기쁘게 하는 것의 방법과 별반 다르지 않다는 걸 새삼 깨달았다. 하루하루가 모여 인생이 되듯, 행복한 순간순간이 모여 행복한 삶이 된다는 내 이념의 기본을 다시 한번 느꼈다. 그래, 대단한 것이 아니야, 멀리 있지도 않아. 우리가 원하는 것은 늘 가까이에 있어.

제4장
엄마와 아이의
말·말·말

아이 하나 키우는 데
정말 온 마을이 필요할까

아이 하나 키우는 데 온 마을이 필요하다는 아프리카 속담은 꽤 유명하다. 이 속담이 가진 뜻은 온 마을(요즘으로 비유하자면 아파트 단지쯤 되려나)이 가진 상가, 학원, 놀이터 등의 특성이 필요하다는 말이 아니다. 여기서 말하는 마을이란 표현은 여러 어른 즉, 아이의 엄마 외 다수의 대체 양육자를 가리킨다. 어린아이들이 이전보다 더 귀해진 요즘은 어떤 면에선 위의 속담대로 우리 사회도 변화하고 있다는 생각이 든다. 조부모와 부모 그리고 아이 하나. 더 크게는 조부모의 형제자매와 부모의 형제자매까지 아이 하나를 보살피고 사랑하는 가족 구성들도 간간이 있다. 그런 환경의 아이들은 가족 구성 간에 자기 또래가 별로 없다는 것을 제외하고는 정말 많은 어른의 사랑을 받고 물질적으로도 더 풍족한 생활을 할 수도 있을 것이다.

　반면 많은 형제자매가 복작거리며 성장하던 때보다 또래와의 관계에서는 조금 부족하거나 어그러져 있기도 하다. 또는 어른들의 그릇되고 과한 애정에 눈살 찌푸리는 행동을 당당하게 하는 아이의 경우도 있다. 하나님이 모든 곳에 계실 수가 없어 만들어 냈다는 '어머니', 그런 엄마를 벌레에 비유한, 참으로 애통한 단어가 사회적으로 이슈가 되고 있는 것 역시 자신의 아이를 향한 잘못된 이기심으로 빚어낸 결과일 것이다.

　뭔가 극단적인 이야기를 하려는 것은 아니다. 같은 환경에서 자라더라도 아이에 따라 그럴 수도 아닐 수도 있다. 물론 아이를 키우는 데 어른이 여럿이면 엄마에겐 육체적으로 큰 도움이 될 수 있다. 아이의 엄마가 정말 자기 입으로 들어가는 밥의 맛을 느낄 수도 있을 것이고 간혹 쪽잠도 청할 수 있을 것이다. 하지만 그건 아이의 신생아 시절, 오래가야 두 돌 전후 이야기일 것일 터. 어쨌든 하고 싶은 이야기의 요지는 아이를 잘 키우는 데 있어서 필요한 것이 꼭 많은 어른은 아니라는 것이다. 아이의 주변에 어른이 주된 양육자 단 한 명뿐이더라도 그 주 양육자가 지혜롭고 올바르다면 어설프고 그릇된 마음을 가진 열 명의 어른이 보살핀 아이보다 바르게 자랄 것이다. 그리고 그렇다는 것은 결국 바른 양육은 나(주 양육자)의 숙제이고 나의 책임이다. 그 어떤 이에게도 미룰 수 없는 부분이다. 이 정도의 책임감도 느끼기 버겁다면, 대한민국의 국민이 점점 줄어들어 엄청난 국가적 손실이 예상된다고 하더라도 아이를 낳아 키울 생각은 안 하는 것이 낫다.

두렵다, 하지만 할 수 있다

두렵게 느껴볼라치면 육아 인생 자체가 두렵다. 나 역시 40년 내 인생 자유로운 영혼으로 살다가 엄마라는 것 처음 해본다. 특히 아이가 영아 때는 느끼기에 따라 하루하루가 정말이지 굴레이다. 아이가 예쁘고 귀한 것과는 별개다. 엄마의 몸은 만신창이에 정신 줄은 언제 끊어졌는지조차 모른다. 그 마음은 또 어떤가! 무어라 비교할 표현이 없다. 버석버석 마른 지푸라기 같아서 후 불면 휘휘 날아가다가 아주 작은 불씨만 닿아도 활활 타오른다. 산후 우울증이라는 병명이 있지만 사실 산모들의 산후 우울증을 잘 보듬어 준 가족들은 얼마나 될까. 나를 비롯한 많은 엄마는 아마도 한참을 지나 아! 내가 그때 산후 우울증이었나보다 하고 알게 되는 증상일 것이다. 그렇다면 이렇게 나 자신을 챙길 한 치의 정신도 없이, 한숨의 쉼도 없이 흘러가는 육아 인생에 대한 두려움은 어떻게 해야 하는 걸까.

생각해보자. 그래, 내 경험으로는 우선은 '튼튼한 엄마'가 우선이다. 우선은 엄마가 튼튼하면 반은 먹고 들어간다. 밤잠 잘 잔 엄마의 심신의 건강. 말은 정말 쉽지만 정말 진지하게 하려면 그저 쉬운 일은 아니다. 우선 튼튼한 엄마의 가장 첫 단계는 나 자신이 엄마가 될 수 있다고 생각하고 출발하는 것이다. 아이의 아빠가 될 사람의 마음가짐도 물론 중요하겠지만(솔직히 나는 아이를 낳기 전에 진짜 준비된 아빠는 없다고 본다), 우선은 아이를 자기 몸으로 열 달 품었다가 출산하고 보통은 주 양육자가 되는 '엄마'의 마음이 중요하다. 정말 내가 엄마가 될 수 있는지, 내가 아이를 키울 수 있을지, 아이가 태어나면 달라질 나의 세상을 받아들일 수 있는지를 충분히 상상하고 또 상상해본다. 육아에 대한 간접체험(아이 키우는 남의 이야기 들어보기, 읽어보기 등)도 하고 갖가지 상상을 초월하는 상상들을 최대한 해보고 또 고민하여 다짐한 후 출발하면 그나마 맞서볼 용기가 좀 생긴다.

그리고는 '튼튼한 몸'이 필요하다. 말 그대로 '체력적인 튼튼함'. 지인 중 나보다 나이가 어린 임산부 한 명이 임신 중에도 몸매 관리를 위해 식사를 거르는 것을 보고 적잖은 충격을 받은 적이 있다. 물론 임신 당뇨에 대한 우려나 과하게 살이 불어서 완만한 출산이 어려워질 정도면 안 되겠지만, 임신 중에 잘 먹고 지내면 확실히 출산 후에 유리하다. 종종 배가 점점 나온다는 것, 입던 바지가 안 맞는다는 것에 불안을 느낀 임산부들이 다이어트를 강행한다는 이야기를 들었었는데, 정말이지 그것은 엄마의 체력뿐 아니라 출산 후 아이의 체력에도 마이너스 요인이라고 본다. 옛말 중에 아이는 낳아놓기만 하면 제 밥그릇 자기가 챙긴다는 말(말도 안 되는)이 있다. 하지만 절대! 그렇지 않다. 아이는 누군가 키워야 큰다. 키워주지 않으면 밥그릇 챙기기는 고사하고 숟가락도 빨지 못한다. 엄마의 체력이 없으면 정말 힘든 부분이다. 잘 먹어서 튼튼한 엄마의 아이는 설령 입이 짧고 입맛이 까다로워 먹이는데 고생을 하더라도 무시할 수 없는 절대적 체력을 타고난다. 혹시 체력쯤이야 크게 상관없어, 우리 아이는 운동 같은 것 못해도 공부만 잘하면 돼 라고 생각하는 사람 있을까? 모르시는 말씀, 의자에 앉아 책 들여다보는 공부도 체력이 있어야 한다는 것. 엄마의 체력에서 비롯된 아이의 체력은 분명한 국력이다.

너 하고 싶은 대로

'나는 내 아이를 믿는다.' 어쩌면 그저 이 한 문장으로 하고 싶은 말이 끝난 듯하다. 저 한 문장에는 아이에게 거는 희망 그리고 애정, 하지만 내 힘으로만은 해결할 수 없는 늘 새로움에 부딪히는 육아 과정에 대한 막연한 두려움, 나아가 아이의 먼 미래에 대한 걱정들도 함축되어 있다. 육아 또는 양육이라는 이름으로 내가 이 아이에게 주고 있는, 또 줄 수 있는 영향력과 환경이 내 마음에 흡족한가? 만약 그것에 조금도 만족스러움이 없고 나 자신이 불안하며 엄마로의 모습에 온갖 것을 조바심내고 있다면, 그 어떤 상황이든 간에 그저 쉽게 '아이를 믿어요'라는 말은 안 나올 것 같다.

지금도 나에게 질문을 던져본다. 정말로! 나는 내 아이를 믿는가? 다시 생각해봐도 나는 내 아이를 믿는다! 물론 아이가 태어나자마자 아이에 대한 믿음이 막 생기고 그런 것은 아니다. 돌아보면 지금처럼 내가 내 아이를 믿는다고 스스로 믿게 된 때는 고작 1년 남짓, 아이가 45개월쯤 지난 때부터다. 그렇다면 그전엔? 못 믿었다. 아니지, 아이에게 거는 믿음이 무엇인지조차 몰랐다고 해야 맞다. 돌아보면 그 이전의 시간은 지금 내가 아이에 대한 믿음을 가질 수 있도록 디딤돌을 다지는 시간이었다.

대부분의 엄마라면 그렇듯이 나 역시 말 그대로 있는 애 없는 애를 썼던 것 같다. 말 못 하는 갓난쟁이의 모든 울음에 대응해야 했고, 하룻강아지에게 '인간 생활'에 대해 알려주고, 옹알이 건너 말 트인 이후론 하나부터 열까지 아이의 모든 물음에 답해주었다. 또 아이가 알아듣지 못해도 연관된 많은 이야기와 설명, 가끔은 철학적 이야기까지도 읊어왔다. 아이가 영아 시절 종종 곁에 계시던 친정엄마께서는 이런 나를 보시고 알아듣지도 못하는 애한테 너는 별 이야기를 다 한다고 하시곤 했다. 하지만 그 모든 육아를 마주한 나의 첫 행위들이 지금의 믿음 형성에 큰 역할을 했다는 건 사실이다. 이 믿음이란 것은 단순히 아이가 어떠한 순간을 모면하고자 사소한 거짓말을 하는 것을 믿어주고 말고 하는 것과는 다른 것이다. 설사 뻔히 들통 날 우스울 정도의 거짓말을 한다고 하더라도 그것이 내가 지금 말하고 싶은 아이에 대한 믿음에 대한 반박 사유가 되지는 못할 것이다.

나에게 내 아이를 믿는 믿음은 내 아이가 이미 믿음직해서가 아니다. 그 믿음은 내 아이를 믿을 수 있는 사람으로 키우려는 내 마음속의 다짐이다. 그리고 그 다짐은 육아에 대한 두려움에 맞설 수 있는 용기를 주기도 한다. 일상을 살다 보면 아이와 즐겁고 신나기도 하지만, 어쩔 땐 좀 열악하기도 어쩔 땐 좀 구질구질하기도 하다. 하지만 모든 환경에서 우선 나는 내 아이를 믿어보기로 한다. 물론 막연한 그 믿음으로 인해 아이가 몸을 다칠 수도, 마음의 상처를 받을 수도 있을 것이다. 하지만 그것 역시 이 아이가 가진 스스로에 대한 믿음의 역량을 키우는 것이 되리라고 생각한다. 그동안 엄마와 쌓은 신뢰가 있으니 서로 의를 상하지 않게 해야 한다는 것을 아이도 안다. 이것은 단순히 엄마에게 혼날까 봐, 혹은 엄마가 싫어하겠지 라고 눈치를 보며 행동하는 것과는 다르다. 엄마에 대한 애정과 엄마를 배려하는 마음에서 비롯되는 것일 테니 말이다.

크게 다칠 것 같지만 않으면 '조심해' 한마디만 한다. '하지 마'라고 하는 대신 아이의 행동 전에 일어날 수 있는 결과에 대한 설명을 자세히 해주려 한다(물론 '하지 마'도 하루 열두 번은 한다). 대여섯 살 아이가 아직 제대로 하지 못할 일에 관심을 보여도 보통 남에게 피해만 없다면 한 번쯤은 자기 뜻대로 경험하게 해준다. 또 중요한 일들에는 아이를 진지하게 눈물 콧물 쏙 빠지게 훈육하는 편이지만 보통 자질구레한 사건들로는 그냥 서로 티격태격한다. 나와 너. 인간 대 인간으로 붙는다. 그래, 네 생각을 한번 들어보자 한다. 서로 논리를 주장하고 우기기도 하다가 삐치기도 한다. 그러다 곧 누군가 사과하면 꼭 껴안고 쪽쪽 사정없이 뽀뽀하며 세상에서 네가 제일 좋아, 세상에서 엄마가 제일 좋아, 손발 오그라드는 화해를 하기도 한다.

누군가는 그럴 것 같다. 아유, 저 엄마 참 대충이네! 하고. 그런데 사실 나는 나처럼 하기도 쉽지는 않다고 생각한다. 잘 안 될 것 알면서 바라만 보고 있기(하지만 대기하고 있다가 도움이 필요할 땐 얼른 달려가야 한다), 입 뻥긋하기 힘들 정도로 지쳤을 때도 아이의 모든 호기심에 대응해주기 같은 것. 말로는 별것 아닌 것 같지만 이런 것이 절대 쉬운 것 아니다. 엄청난 인내심이 필요하다. 나 역시 앓는 소리를 내며 이를 부득부득 갈고 손을 바르르 떠는 나 자신을 발견하곤 했으니까.

육아템

어린아이를 키우는 엄마들 사이에는 '육아는 아이템 발'이라는 말이 있다. 육아 제품 시장에는 이런저런 새로운 상품들이 늘 등장하는데 돈이 좀 들더라도 사서 쓰면 좀 더 편하게, 좀 더 잘, 좀 더 질 좋은 육아를 할 수 있다는 의미다. 사실 들어가는 가격도 가격이지만 그런 육아용품들을 일일이 다 살 수는 없기 때문에 때맞춰 선물 받거나 물려받거나 하면 딱 좋다. 그리고 또 없으면 없는 대로 모르면 모르는 대로 그 시절을 보내기도 한다. 잠깐이기는 하지만 신생아 시절이야 엄마의 아기 돌보기를 도와주는 기능적인 육아 아이템들의 사용이 좋기는 하다. 하지만 아이가 커가면서 결국 내 삶에 소유한 적 없는 온갖 육아용품(쉽게 말해 아이의 성장 발달을 돕는다는 갖가지 기구, 장난감, 잡동사니)들은 계속 늘어가기만 한다. 때론 부담스럽고 때론 징글징글하기도 하다.

그렇다면 엄마들이 육아 아이템을 쓰는 궁극적인 목표는 무엇일까? 그다지 대단하다 할 것도 없는 어린애 물건을 가지고 뭐 육아의 궁극적 목표까지 들먹이나 싶긴 한데. 내가 아이를 5년 넘게 키우며 그동안 왜 그렇게 애를 썼나, 어째서 그렇게 고민했나를 생각해보면 결국 내 아이를 어떻게 해야 더 잘 키울 수 있을까. 그냥 더도 덜도 말고, 그거였다. 돌 전에는 어떻게 잘 수유할까 어떻게 잘 재울까 고민했던 것이, 돌이 넘자 어떻게 떨어지는 면역력을 키워주나 어떻게 안 토하게 잘 먹일까, 24개월이 넘자 먹고 싸는 것 외에도 어떻게 잘 놀아 줄까 하며 업그레이드되고, 36개월이 넘어가자 이젠 어떻게 잘 알려줄까 어떻게 아이 마음을 잘 헤아려 줄까 하며 애써야 하는 고민은 깊이가 달라졌다. 그럴 때마다 무언가 아이템이 필요했다. 새로운 문제일수록 새로운 아이템이 필요했다.

그렇게 아이를 키우며 내가 알게 된 것 한 가지는 바로 모든 육아 아이템의 왕중왕이 있다는 것이었는데, 그건 바로 '엄마' 그 자체였다. 어떤 집은 엄마 대신 아빠가 될 수도 있다. 혹은 할머니나 이모, 고모가 될 수도 있겠다. 하지만 그 어떤 양육자도 '엄마'를 따를 자는 없다는 점. 우선은 몸소 낳았고, 몸소 젖을 물렸으며, 출산의 고통 이후에 뒤따르는 산후의 고통도 뼈저리게 느낀 존재이기 때문이다. 이 '엄마'를 나는 정말 하나님 다음의 존재라고 말할 수 있다. 아이를 낳았다고 해서 모성이란 것이 저절로 생기는 게 아니기 때문에 무작정 강요를 할 수는 없지만, 가장 중요한 사실 하나는 '내가' 아이를 낳았다는 것은 변하지도 바뀌지도 않는다는 점이다. 아이를 낳았다면, '엄마'가 되었다면, 나 스스로가 아이에게 가장 중요하고 좋은 '아이템'이 될 작정을 해야 맞다. 설사 현실은 그렇게 잘 못한다고 하더라도 적어도 그런 마음은 먹고 시작해야 엄마에게도 아이에게도 좋은 육아, 더 나아가서는 서로에게 더 행복한 삶을 살 수 있다고 믿는다. 나는 그렇게 하루하루 달리고 있다.

가장 중요하고 큰일 하는 아이템, 그것은 자처해서 '육아템'으로 변신할 수 있는 주 양육자의 '아이를 잘 키우는 자세'. 말로만 하자면 참 쉽고, 정말 잘해보자면 끝도 없이 어려운 것이 바로 육아. 그렇다면 그 잘 키우는 자세란 어떤 것일까, 늘 궁금하고 고민한다. 하지만 다들 아시다시피 육아에 정답은 없다고 하지. 아이들은 획일적인 공산품이 아니니까. 모든 아이와 모든 양육자의 상황은 말 그대로 케이스 바이 케이스, 그때그때 달라요!

아이와 어떠한 '첫 상황'에 놓였을 때, 육아 관련 전문가들의 글이나 동영상 강의 등을 찾아보기도 했다. 그리고 알려주는 '정답에 가까운 방법'들을 응용해서 양육해보자 시도하기도 했다. 하지만 그것은 참으로 뭐랄까, 조금 과장하자면 고양이 목에 방울 달기와 비슷하다고 할까. 방법은 알지만 할 수 없는 방법. 세상 대부분의 엄마가 몸소 육아하고 있지만, 전문가들이 알려주는 '정답에 가장 가까운 방법'의 육아는 정말 힘들다. 아니, 거의 불가능에 가까운 것들도 많다.

그렇다. 나는 모자란 엄마다. 결코, 나는 육아에 대한 전문가는 비슷하게도 못 될 것이다. 하지만 확실한 한 가지 사실은 나는 내 아이의 전문가라는 것이다. 그리고 내가 내 아이의 전문가가 되면 아이 역시도 자기 엄마의 전문가가 된다. 그리고 그렇게 맺어진 아이와 엄마 간의 신뢰는 엄청난 효과를 주는 육아 아이템이 된다. 게다가 그 아이템은 단순 효과뿐 아니라 나아가 훌륭한 시너지 효과를 가져오게 되는데, 그것이 바로 엄마가 아이를 키우는 만큼 아이도 엄마를 키우게 되는 효과이다.

내 아이를 지키는 법

몇 년 전, 아동 성범죄 예방에 대한 강의를 들으러 다녀온 적이 있다. 아동 성범죄라. 정말이지 말만 되뇌어 봐도 끔찍하다. 그냥 성범죄도 아닌 아동을 대상으로 한 성범죄라니.

나는 십 대 때, 특히 중학교 시절 집과 먼 학교에 다니며 만원 버스를 타는 것이 참 스트레스였다. 그 이유는 밀착된 버스 안에서 내 엉덩이를 만지는 변태 새끼를 경험한 적이 있었기 때문이었다. 처음엔 당혹스럽고 무섭기도 했지만 그런 일들이 몇 번 있다 보니 나중에는 말 그대로 열 받아서 그 손을 움켜잡아 쥐어뜯은 적도 있었다. 만원 버스도 아니었는데 앉아 있는 나의 팔뚝을 너무나 당당하고 뻔뻔하게 쓰다듬었던 중년남도 있었다. 평소 그다지 대범하진 않았지만 나름 공의로운 성격에 한창 겁 없던 때라 버스 안에서 그 남자에게 창피를 준답시고 당신 뭐냐 왜 나를 만지냐 큰소리로 따진 적도 있었다. 다행히 그 시절에 내가 당한 일들은 이 정도 였고 또 내가 그 추행범들에게 대들었다고 해코지를 당하지도 않았다. 하지만 이런 더러운 사건들은 누군가에게는 평생 닦이지 않는 마음의 큰 상처가 된다. 혹은 평생 트라우마로 남을 가능성도 있을 것이기에 단순히 위로하고 끝낼 일은 아닌 것 같다.

내 세대에는 성추행 또는 성폭력, 성폭행에 대처하는 방법 같은 것은 아무도 알려주지 않았다. 아예 성교육이라는 것 자체가 참으로 흐지부지했었다. 성에 관한 이야기를 한다는 것은 그저 부끄럽고 창피한 것, 또는 남사스럽고, 쉬쉬해야 할 주제 정도로 여겼다. 그렇기에 성범죄가 일어났을 때 어떻게 해야 하는지에 대한 교육은 당연히 단 1%도 없었다.

요즘 사람들이 자주 하는 말 중에 분명히 상위 순위에 들어있을 말, 바로 '무서운 세상'. 지금 세상에 알려진 아동 성범죄는 가히 상상을 초월한다. 엉덩이를 만지는 것은 귀여울 정도의 일이다(물론 이것도 당연히 안 될 일이지만). 성범죄와 그 관련 예방과 대처에 관해서는 전문가의 조언이나 예방 방법들을 공부해 엄마들이 꼭 아이들에게 인지 시켜 주었으면 하고 바란다. 늘어나는 남자아이들의 피해에 대해서도 걱정이라지만, 특히 딸을 키우는 엄마들은 이런 부분에 너무나 마음이 쓰이고 신경이 예민할 것이다. 당연지사다. 아동에게 일어나는 성범죄는 아이들의 잘못도 아니고 엄마의 잘못도 아니다. 그저 범죄자가 저지른 사건에 피해자가 된 '사고'이다. 우리 엄마들이 할 수 있는 것은 최대한의 예방, 그리고 바른 대처라고 한다.

나는 아이가 걸음마를 시작하여 아장아장 함께 동네를 다니기 시작할 때부터 아이에게 가족 외의 사람에 대한 경각심을 알려주었다. 특별히 그 것이 교육이라는 생각보다는 그저 나의 걱정으로 시작된 행동이었다. 당시 혹자는 너무 아이에게 겁을 주어 오히려 정신적으로 나쁜 영향을 주는 것 아니냐고 말하기도 했다. 하지만 나는 설사 아이가 나쁜 영향을 좀 받는다고 하더라도 내 아이를 유괴당하거나 그 외에 범죄에 해당하는 일을 당하게 하는 것보다는 낫지 않겠냐는 심정이었다. 물론 아이는 아직 어렸고 엄마 품에서 떨어질 일이 거의 없었기에 나의 걱정은 조금 과했던 것일 수도 있다. 하지만 어쩌겠나. 걱정되는걸. 매일 같이 뉴스에는 어린아이를 대상으로 한 갖가지 비열한 범죄들이 판을 치고, 급기야는 부모라는 것들이 영유아를 때려죽이고, 굶겨 죽이고, 던져 죽이고……!

아이가 늘 아름다운 세상을 배우고 가족과 이웃의 사랑을 받으며 잘 살아간다면 더할 나위 없이 좋겠지만, 세상이 이미 꽤 무서워져 버린 걸 어쩌겠는가. 어쩌면 그 때문이었을까, 안 그래도 줄곧 엄마만 찾던 일명 '엄마 껌딱지'였던 내 아이는 36개월이 넘도록 낯선 사람, 낯선 장소에 대한 거부감이 대단했었다. 아무리 호기심이 일어도 나를 중심으로 1m 이상을 벗어나지 않았다. 항상 '엄마, 같이!' 이젠 좀 낯가림을 끝내도 될 만하다 싶은 장소나 사람에게도 예외는 없었다. 많은 사람이 아이를 유별나게 봤고, 그런 아이를 키우는 나에게 힘들겠다며 쯧쯧 동정했다. 하지만 솔직하게 말하자면 내가 그런 일로 위로조를 받을 일은 크게 없었다. 그 또래의 많은 아이가 아무 데서나 천방지축 이리 뛰고 저리 뛰고, 자기 맘에 안 들면 자빠져 울고 고함지르며 제 어미들을 곤란하게 할 동안, 내 아이는 단한 번도 내게 그런 곤경을 주지 않았다. 쉽게 다가가지 못하는 것에 대한 강렬한 호기심은 아이의 정확하고 예리한 관찰력으로 대체 되었고, 낯섦에 대한 경계심은 외부의 물리적 힘으로부터 자신의 몸을 보호하려는 방어능력으로 키워졌다.

나는 내 아이가 꽤 어릴 때부터 가족 외의 사람들을 조금 멀리 대하는 방법을 알려 준 것을 후회하지 않는다. 오다가다 몇 번 본 사람이든, 동네 어른이든, 슈퍼 아저씨든, 빵집 사장이든, 택배 기사든 너에게 말을 걸어도 꼭 대답하지 않아도 된다, 또 너를 만지려 하거나 같이 가자고 하면 무조건 도망치라고 가르친 것에 대해 지금도 옳다고 생각한다. 어쩌면 내가 너무하다고 생각하는 사람들도 있을 수 있다. 동방예의지국에서 어떻게 그렇게 아이를 예절 모르게 싹수없이 교육하느냐 하시는 분들도 계실 것이다. 그래도 나는 내 아이가 또는 옆집 아이가, 더 나아가 대한민국의 아이들이 어떤 형태로든 못되어 먹은 어른들의 피해자는 절대 되지 않는 것이 다른 무엇보다 우선이라고 생각한다. 다들 아실 것이다. 아동 범죄의 대부분은 면식범에 의해 일어난다는 것. 그리고 특히 아동 성범죄에서 그 면식범은 대부분 남성이라는 점. 여기서 나같이 아들을 키우는 엄마들은 그래도 내 아이가 딸이 아니라 그나마 다행이라고 하시는가? 아니다. 아들 엄마는 아동 성범죄의 예방과 대처에 앞서 좀 더 광범위한 계획성을 가지고 육아에 임해야 한다. 우리 아들들이 대한민국의 올바르고 건강한 남성들로 자라나기 위해 성에 대한 비뚤어진 생각과 마음을 배우지 않도록 잘 알려주고 사랑해줘야 할 의무가 있다는 것을 명심 또 명심하자.

인생은 여행

어릴수록, 어릴 때일수록 여행은 정말 여행다워야 한다. 익숙한 집을 떠나서야 느낄 수 있는 오감(五感), 함께 간 사람과의 애정, 처음 보는 것에 대한 호기심의 충족, 그리고 충분히 편안하고 충분히 안전한. 이런 외출과 외박의 경험들이 모여 그 아이가 정말 인생이라는 긴 여행을 긍정적인 용기와 함께 떠날 수 있는 준비를 하게 될 거로 생각하기 때문에.

나와 남편의 일상은 연이어 네 닷새 이상 휴가를 내기가 힘들었는데, 그러다 보니 아이가 어렸을 때는 더욱 오가는데 많은 시간을 들여야 하는 장거리 여행은 생각을 못 했다. 코로나19가 발생하기 한참 전, 돌도 안 된 아기들을 데리고 해외여행을 가는 것이 한창 이슈일 때도 그저 남의 일이구나 했었다(기저귀에 분유에 젖병에 아기 띠에 기내반입용 유모차에 비상

약까지 바리바리 준비할 자신도 없었다). 사실 남편과 나는 여행 외의 일들로 해외행 비행기를 많이 타고 다니며 살았던 사람들이었다. 그래서였는지 공항에 대한 아련한 추억들도 많았지만, 반면 비행의 피곤함도 잘 알고 있었던 처지였다. 게다가 비행기까지 타고 멀리 나가지 않아도 안 가본 데, 못 가본 데, 가고 싶었던 데가 많았고. 그렇게 다니고, 구경하고, 놀고, 먹고 해도 돌아올 땐 늘 아쉬울 정도였다.

우리는 그저 주야장천 시간이 허락하는 선에서 자동차 여행을 즐겼다. 길을 달리고 산을 달리고 바다를 달리고. 늘 좀 한적한 곳을 물색하고 많은 인파가 몰리지 않는 시기를 선택해서 타인으로부터 자유로운 여행을 다녔다. 아이는 지금도 다녔던 멀고 가까운 여러 여행지의 숙소들, 주변 자연과 경치, 식당과 음식, 때론 골목과 가게, 자기가 여행길에 가지고 갔었던 장난감들을 기억하며 그때 느꼈던 감정들과 일화들을 이야기하곤 한다. 그렇게 그때 좋았어, 재밌었지, 또 가고 싶다, 하며 아이가 엄마 우리 또 여행 가자고 말할 때면 내가 그동안 이 아이와 썩 괜찮은 여행을 다녔구나 싶어 기분이 좋다. 그리고 앞으로도 어디로 여행을 떠나든 자연을 잘 느낄 수 있게(일상은 도시에서 사니), 새로운 감정들을 경험할 수 있게, 그리고 삶을 살아나가는 데 있어 여행이라는 것에 대한 즐거움을 충분히 알 수 있게, 그렇게 쭉- 오래- 많이- 여행하고 싶다. 어차피 인생도 여행인 것을, 정말 여행자의 기분으로 삶을 사는 것만큼 근사한 것이 어디 있을까.

어쩔 수 없이

얼마 전 나의 중학교 학창 시절을 소환할 기회가 있었는데, 문득 떠오른 것은 그 당시 나의 큰 즐거움이었던 영화들이었다. 아아, 참 촌스럽기도 향수 어리기도 하던 방화(邦畵, 이 단어 기억하는 사람은 옛날 사람), 그리고 정신 놓고 푹 빠져들었었던 홍콩 누아르 영화, 색다른 감동이 있었던 할리우드 마피아 영화. 내 아이가 크면 엄마 어릴 적에 보았던 영화야 하며 함께 보고 싶다 생각되는 영화도 있었고, 정말 그런 날이 올까 미소 지으며 상상해보기도 했다. 그러다가 생각난 국산 영화 한 편, 정녕 인간의 행복은 학교 성적순에 비례하는가에 대한 비극적인 영화. 생각이 여기에 이르자 급작스럽게 머릿속이 복잡해졌다. 지금으로부터 만들어진 지 삼십 년이 넘은 영화인데, 어쩌면 이렇게 하나도 안 바뀌고 지금 이야기와 비슷할까. 아니지, 지금이 더 심할 수도.

공부. 성적. 대학. 단어 그대로만 놓고 보자면 뭐, 사람이 살아가면서 보통 '학창 시절'에 대면하게 되는 단어들. 그렇다면 단지 '학창 시절'이 아닌 온 인생을 바탕으로 보았을 때 저것들은 어떤 의미가 될까.

공부를 못하는 것보다는 잘하는 것이 좋고, 성적도 나쁜 것보다야 좋은 것이 낫고, 대학도 명성 있는 대학 졸업생이 된다면야 나쁜 것은 전혀 없다. 단지 그 반짝이고 보석 같은, 삶의 시기 중에 가장 순수하고 싱싱한, 이제 막 향기를 뿜기 시작한 꽃봉오리와 같은, 그 금쪽같은 십 대를 공부와 성적과 대학에만 매달려 살아가야 한다는 것에 대한 반항적 고심. 그렇게 해서 잘되는 케이스들도 많지만, 영화처럼 충분히 비극적인 결과도 현실에서는 많이 벌어지고 있으니 문제다. 사실 나도 정답은 잘 모르겠다. 그 아름다운 시절을 학원과 문제집에 파묻혀 지내게 하는 게 정말 맞는 걸까 하다가, 백세 인생을 생각하면 고작 십여 년 눈 딱 감고 그 정도 노력쯤이야 할 수 있지 않나 싶기도 하고. 어쨌든 부모들도 자기 자식이 잘되기를 바라서 공부해라 좋은 대학가라 하는 거지 나쁜 뜻으로 그러는 것은 아니니까.

아이가 두세 살 때부터 농담 반 진담 반으로 내가 지인들에게 하던 말이 있다. 나는 학교 성적이 늘 우수한 아이도 아니었고, 그저 괴롭게 공부하던, 공부라는 것을 즐기지 못했던 보통 아이였다. 나에게 공부란, 공부를 왜 해야 하는지에 대한 동기부여보다 그저 못하면 비난받을 거라는 이유로 할 수밖에 없었던 것. 그래서 내 아이한테 적어도 대놓고 공부하라는 말은 절대로 안 하며 살고 싶다고 했다. 그랬더니 그 말을 들은 열 명 중 열한 명이 웃었다. 어떤 이는 박장대소 했고, 어떤 이는 비웃었다. 두고 보자며, 정말 웃긴다며, 절대 지키지 못할 약속이라며. 그래, 또 모르지 인생 새옹지마라고 나 같이 말하던 엄마가 한 번에 확 돌아버리면 남들보다 더할지도. 하지만 아직도 여전히 그렇다. 공부해라 공부해 이 말은 정말 하고 싶지 않다.

고백하건대 지금 돌이켜보면 내 십 대 학창 시절에 나는 공부가 뭔지도 몰랐다. 물론 학생이고 학교에 다니니까 공부라는 것을 하긴 했지만 어떻게 하는 것이 진짜 공부인지 몰랐다. 당시 어른(부모님)들은 나에게 학생의 본분은 공부하는 것인데 하라는 공부는 안 하고 논다고만 했지만, 정말 잘 놀았던 아이들에 비하면 나는 노는 것도 제대로 신나게 못 했던 소심한 아이였다. 사람들은 누가 학창 시절에 좀 놀았다고 하면 뭐 큰 탈선이라도 저질렀나 상상을 하는데. 내가 말하는 잘 논다는 건 그런 게 아니고 정말 즐겁게 신명 나게 노는 것. 땀 흘리며 까불며 그 나이 아이들만이 발설할 수 있는 최강 에너지를 뿜어 대는 것. 그렇다고 나의 학창 시절이 행복하지 않았던 것은 아니다. 학창 시절 나의 생활과 나의 환경과 내 처지에 대해 비관하거나 두려워한 적도 크게 없었다. 단지 나는 소심하고 외롭던 내 마음에 불어 닥친 새바람과 소실점을 알 수 없는 소용돌이의 낭만을 좀 느껴봤을 뿐……!

나는 제 아이를 명문대에 보내려고 마음먹는 엄마들보다 더 큰 결정을 했다. 나는 아무리 명문대라도 아이 뜻이 아닌 내 뜻에 맞춘 대학은 안 보낼 자신이 있다. 나는 내 아이가 그저 일관적인 공부가 아닌 자기가 좋아하는 것을 찾아 공부하기를 바란다. 그것이 무엇인지 찾아내는 것을 시작으로 겪어야 할 많은 숙제가 생길 테고 과히 쉽지는 않겠지만, 어쨌든 내 아이에게 '공부'라는 것이 앞뒤도 없이 마냥 하기 싫은 것이 아니기를 바란다. 그 공부가 무엇에 관한 것이든 힘들더라도 해 볼 만 한 것이기를 바란다. '어쩔 수 없이'가 아닌 '원해서'가 되기를 바란다. 사실 어쩌면 이런 바람이 단순히 '공부해라'라고 하는 것보다 더 큰 무게감이 될 것도 같다. 그래도 나는 아이에게 공부 좀 해라, 공부 좀 잘 해라는 말은 살면서 정말 안 하고 싶다.

당시 학교의 교육이란 오로지 주입식 교육 밖에 없던 때. 지금도 기억나는 당시의 공부 법 하나, '빽빽이'라는 것이 있었는데, 그건 말 그대로 연습장에 영어 단어든 뭐든 글자를 빽빽하게 적어 채우는 것이었다. 그런 '빽빽이'를 시키는 선생님들이 있었고 빽빽이 다섯 장! 이런 숙제를 내주는 선생님들도 꽤 있었다. 그리고 또 나보다 윗세대들의 전설적인 공부법 하나, 영어 사전을 통째로 한 장씩 외우고 다 외운 장은 찢어서 먹어 버리는 방법. 그때 그러다 병 걸린 사람은 없었었는지?

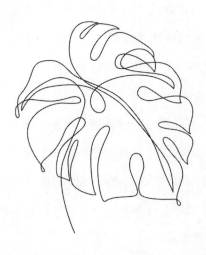

갈 길이 멀다

아이의 엄마이자 단짝으로서의 생활. 때로는 전쟁 같은 사랑으로, 이따금 게으른 평온의 극치를 보여주며 매일 매일 서로를 진정한 인간으로 키워내고 있지만. 간혹 나 혼자 깨어 있는 깊은 밤이면 엄마라는 아직도 한참 부족한 이 인간은 온갖 사념에 바스러지는 마음을 부여잡곤 한다.

여전히 젊다고 말하기엔 좀 늙어버린 게 사실이지만, 부모라는 위치의 길이 나에게 남은 인생을 더 멋있게 만들어 줄 거라는 믿음을 잃지 말자. 일상에 밟히는 작은 돌멩이가 내 마음에 큰 파장이 되지 않도록 담대해지자. 어린 시절 많이 누리고 즐겼던 자유로웠던 나의 영혼을 헛되이 만들지 말자. 계속해서 성장하자. 지금보다 더 성숙하자. 그리고 상상 이상으로 더 너그럽자.

나보다 먼저 크는 아이

등원하는 아침이면 어쩔 수 없이 아이 눈치를 조금 더 살핀다. 아니, 눈치를 살핀다는 표현보다는 그저 아이가 기분 좋게 등원했으면 하는 거지, 그래야 내 맘이 더 편하니까, 뭐 그런 거다.

아이보다 조금 일찍 일어나 아이가 먹을 간단한 아침을 차리고(아침 안 먹던 남편 것도 덩달아) 아이가 천천히 스스로 잠에서 깨도록 거실에 음악을 틀어 놓는다. 간혹 일부러 부엌에서 그릇 부딪히는 소리를 조심스럽지 않게 내기도 한다. 그리고는 보통 남편은 먼저 출근을 하고, 부스스 깨서는 잠자리에서 뭉그적거리는 아이를 챙긴다.

워낙에 먹이기 힘겨운 아이로 키워 놓아서 특히 등원 전 아침 식사는 입만 벌린(벌리기라도 하면 다행) 임금님께 제발 몇 숟갈 받아 먹어줍쇼, 하는 분위기로 구성된다. 아이는 떠먹여주는 내 쪽으로 얼굴도 안 돌린 체 대부분 작은 장난감을 손에 쥐고는 짧은 놀이를 하며 겨우 받아먹는다. 제 새끼 먹여 살리겠다는 어미와 눈 뜨자마자 세상 입맛 없는 아이의 눈물겨운 콜라보다. 뭐 그렇게까지 아침을 먹이냐 할지도 모르겠지만, 아니 뭐 얼마나 힘든 일이라고 한참 어린애 아침을 안 챙겨 주냐 하는 것보다는 낫다고 생각한다.

아이는 조그만 플라스틱 굴삭기 장난감을 가지고 갖은 효과음을 내며 아침 식사 놀이를 즐기고 있었다. 그러다가 그 오래된 굴삭기는 그만 삽이 빠져 버리고 말았다. 안 그래도 예전에 빠진 삽을 억지로 고정해놨던 것이었기에 순간 나는 속으로 짧은 한숨을 뱉었다. 엄마 이것 좀 끼워줘 하는 아이에게 지금 못해, 그거 고치기 힘들어, 엄마 안경도 안 써서 하나도 안 보인다, 유치원 다녀와서 보자, 하며 못 본 체를 했다. 하지만 아이는 아니야 이거 할 수 있을 것 같아, 하면서 조막만 한 손으로 삽을 끼워보려 애를 쓴다. 그 모습이 약간은 애처로워 그만해 너 그러다 손 다쳐, 하며 만류하는 사이에 아이는 뚝딱 삽을 제대고 고정했다. 그러고는 그저 제 할 일을 했다는 양 담담하게 말한다.

"이거 봐, 엄마. 내가 뭐랬어. 할 수 있댔지?"

아이의 예사롭고 어른스러운 말투에 정신이 확 깨는 기분이다. 아 맞아, 내가 잠깐 잊고 있었다. 아이가 나보다 늘 먼저 자라고 있다는 사실을!

그렇게 어느새 또 자라있는 아이를 느끼며 부스스한 머리와 옷차림으로 아이 밥을 떠먹여 주고 있는 나의 모습이 새삼 갸륵하게 느껴졌다. 이런 나를 세상 하나뿐인 엄마라고, 세상 가장 좋아하는 엄마라고, 죽을 때도 같이 죽자고 극한 사랑 고백을 하는 나의 아이가 너무나 고마웠다. 지금의 나의 위치, 지금 이 추레한 내 모습이 적어도 이 아이에게는 세상 가장 편안하고 포근한 자리이겠지 생각하니 우습게도 어깨가 으쓱 올라가는 기분마저도 들었다. 그래, 세상 부귀영화 나도 다 갖고 싶다. 하지만 결코 이런 빛나는 순간순간들과 맞바꿀 수는 없을 것 같다.

아들아, 넌 계획이 다 있구나

　언제부터였을까, 아이가 영웅 캐릭터에 관심을 보이는 시기가 시작되었다. 남자아이라 그런지 누가 나서서 알려주지도 않았는데 늘 악당을 물리치고 싸우고 대결하는 설정을 만들어 자신의 속도와 기술(?)을 연마한다. 턱 아래 엄지와 검지 두 손가락으로 받침을 만들어 붙이는 자세를 취하며 한쪽 입꼬리를 올리는 미소를 짓기도 하고, 검지와 중지를 이용해 앙증맞은 경례를 하며 윙크를 날리기도 한다. 사실 실제로 이런 아이의 행동을 마주하면 뭔가 어이없는 귀여움으로 웃음이 난다. 그래서 줄곧 그런 행동에 대한 반응으로 깔깔 웃거나 한 번만 더 보여줘 라고 해왔다. 그리고는 아이의 이런 행동들을 그저 정확한 근원은 알 수 없는 남자들의 허세라고 단정했었다. 어쩌다 집 앞에서 또래들과 어울릴 때도 종종 잘난 척(센척)을 하고 싶어 하는 것 같았고, 자기가 자신 있게 할 수 있는 것이 있으면 티 나게 보란 듯이 행동하곤 했다. 그래, 아이들이 다 그렇지, 자랑하고 싶고 잘난 척 하고 싶고. 그런데 언젠가부터는 또래가 아니더라도 누군가 보는 눈이 생기면 갑자기 하지 않던 행동을 하거나 더 격하게 행동하는 것이었다. 나는 아이의 그런 행동을 어디까지나 주위의 이목을 끌고 싶어 하는 허세로 읽었기 때문에 그만하라 하지 마라 등의 깊이 없는 잔소리로 대응하곤 했다.

그날도 슬렁슬렁 킥보드를 몰고 나를 한참 앞서가던 아이는 비탈길 앞에서 잠시 멈춰 서있는 듯하더니 갑자기 쌩하니 모퉁이를 돌아 내려가 버리는 것이었다. 눈앞에 보이지 않게 된 아이 때문에 급히 쫓아가는데, 모퉁이를 올라오는 한 아가씨(내 눈에 30대까지는 다 아가씨)와 마주쳤다. 그리고 아이는 비탈 아래쪽에 멈춰 서있었다. 이제 가볍지만 짜증 섞인 나의 잔소리가 나갈 차례였다. 그런데 아이가 나를 돌아보며 조용히 먼저 선수를 친다.

"엄마, 길에서 사람들이 나를 노려보면(아마도 그저 쳐다본 것이겠지만) 나는 내가 약해지는 기분이 들어. 그래서 내가 약하지 않다는 것을 보여주고 싶어져. 그래서 지금 킥보드를 비탈길에서 세게 타고 내려왔어."

아이의 이야기는 막 잔소리를 하려던 나의 입을 다물게 했다. 뭐 생각하기에 따라 어쩌면 그게 그거다. 주위 이목을 받고 싶어 그럴듯한 행동을 해 보이는 거나, 아이의 표현대로 주눅들 것 같은 자아를 스스로 치켜세워 주는 것이나. 하지만 그것은 그동안 내가 남자아이의 근원 없는 허세라고 치부해 버렸던 일련의 행동들이 자기의 마음의 상태를 자세히 느낀 아이가 스스로 대책을 만들어 실행하고 있는 것이었다는 것을 알게 된 순간이었다.

"아! 그래......! 엄마도 어릴 때 누가 나를 쳐다보면 괜히 작아지는 것 같고 조는 것 같고 그랬던 거 같아. 맞아, 약해지는 기분이 든다는 네 표현이 너무 정확하다. 그런데 저 아줌마 널 노려본 건 아닐 거야. 그리고 너무 위험한 행동을 하는 것도 좋진 않아."

엄마는 나 스스로 주눅 든 것 같을 때 너처럼 대책을 강구해 실행하지는 못했는데 너 참 대단해, 라는 말까지는 못 해줬지만. 나는 이상하게 아이가 자랑스러웠다. 엄마보다 네가 더 강한 것 같구나. 너는 내면이 정말 강한 아이야. 너 참 멋지다! 그리고 사람의 강한 내면은 팔다리의 강함보다 훨씬 더 중요하단다.

약점

아이들이란 대개 간지럼에 약하다. 내 아이도 간지럼을 참 잘 타는 편이다. 그래서 나는 아이를 제압하고자 할 때면 손가락을 목 근처에 가져다 대는데, 그러면 아이는 벌써 턱을 한껏 움츠리고는 킥킥킥 숨 막히는 웃음소리를 내며 나뒹군다. 그 모습이 우습기도 하고 귀엽기도 하고, 서로 장난으로도 하지만 정말 엄마 말 안 듣는 아들을 제압할 때 안성맞춤이다.

어쩌면 그렇게 간지럼을 많이 타는 것은 나를 닮았나 보다. 나도 어릴 때 그랬다. 아직 누가 손을 댄 것도 아닌데 지레 혼자 미리 간지러워하며 뒤로 나자빠지기도 했다. 그런데 이제는 아이가 나를 간지럽혀도 그 어린 시절처럼 간지럽지는 않은 것 같더라. 그래서 나는 아이에게 너의 약점은

목이야, 엄마는 너의 약점을 알고 있지 하하하 라고 했더니 뭔가 억울한 아이는 그럼 엄마의 약점은 뭐냐고 묻는다. 아이의 그 질문에 때아니게 진지해진 나는 곰곰이 생각해봤다. 나에게 약점은 무엇인가. 생각을 마친 나는 엄마의 약점은 바로 너야 라고 했다. 이해하지 못하는 얼굴을 하는 아이를 보며 다시 한번 말했다.

"야, 엄마가 진짜 살면서 약점이라고는 없었던 사람인데! 이야 진짜, 약점이 생겼네, 생겼어. 아주 큰 약점. 엄마는 네가 약점이라 너라면 꼼짝 못 하는 거야."

그랬더니 아이가 하는 말이 이렇다.

"뭐야, 엄마 그럼, 엄마가 내 약점을 가지고 나를 간지럽히는 건 엄마가 엄마의 약점을 공격하는 거랑 똑같은 거야!"

엥? 듣고 보니 그렇다. 반박할 수가 없다. 아니 어디서 이렇게 똑똑한 아이가 태어난 거지?

네 안의 우주

늘 밤이면 더 놀고 싶어 잠들 시간을 미루고 싶어 하는 아이. 그런 아이에게 어서 자야 내일 더 신나게 놀 수 있다며 달래는 것도 일과 중 하나다. 아이가 잠자리에 들 준비를 해주고는 그 외에 나도 이것저것 잘 준비를 하는데, 아이는 침대에 모로 누워 무언가 혼자만의 생각 중인 듯하다. 그럴 땐 그냥 놔둔다. 단 5분 정도라도 아무 말도 안 시키고 정말 긴박한 일이 아니라면 재촉하지도 않는다. 그렇게 수 분 후, 아이는 이야기를 시작한다.

"엄마, 내가 신기한 거 하나 알려 줄게. 눈앞에 없는 건데 보이게 하는 방법이 있어. 먼저 보고 싶은 걸 생각한 다음에 조금 있으면 그게 보여. 그런데 진짜로 있는 것은 아닌데 있는 것처럼 보여. 그게 처음에 머리로 생각을 하면 머리에서 눈으로 지지직! 신호를 보내서 그렇게 보이게 되는 것 같아. 그리고 눈을 감고 하면 더 잘 보여. 근데, 어떤 것은 생각해도 잘 안 보이는 것도 있어. 엄마도 해본 적 있어? 이런 거 알고 있어?"

아이의 이야기를 듣는 동안 정말 저 아이의 머릿속에 무엇이 들어있나 놀라웠다. 어른들이 말하는 상상력이라는 것에 대해 아이 스스로가 탐구하고, 느끼고, 다시 그것을 표현하여 전달하고 있는 중이었다. 아 이 아이는 정말 우주 같은 아이야! 아니, 그 우주의 몇 배는 더 되는 것 같다고 생각하고 있는데, 아이가 이야기를 이어간다.

"엄마, 내가 오리(여섯 살을 먹어도 여전히 틈만 나면 끌어안고 입 맞추는, 낡아서 천은 해어지고 목이 덜렁덜렁하는 애착 인형)를 한번 생각해서 봐볼게."

하며 눈을 감고 2, 3초간 있더니 별안간 까르르 웃으며 나뒹군다.

"깔깔깔. 아아 엄마, 오리 몸까지는 보였는데 얼굴이 진짜 털 달린 새처럼 보였어. 깔깔깔."

아, 이 귀엽고 천진난만한 아이를 어쩔꼬.

나도 그렇게 천진난만하고 순진무구하던 때가 있었을까? 오늘까지 열심히 늙어버린 지금으로써는 하나도 기억나지 않는다. 어린 시절 누구나 읽고 듣고 보았을 성냥팔이 소녀 이야기. 크리스마스이브에 소녀의 성냥을 사주는 사람은 없었고, 너무나 추웠던 소녀는 자신이 가진 성냥을 한 개비 피워 그 불빛에 손을 녹이려 하지만, 그 불빛 안으로 소녀에게 보인 건 맛있는 음식과 따뜻한 집. 그렇게 홀리듯 성냥을 한 개비 두 개비 태우던 소녀는 급기야 성냥불 안에서 죽은 엄마(혹은 할머니)를 만나고, 그렇게 엄마를 따라 하늘로 가버린다. 이야기는 엄마를 따라갔다고 하지만 사실 소녀는 배고픔과 추위에 정신이 나가 성냥불만 켜대다가 얼어 죽은 것이었지. 어렸던 시절 나는 동화치고는 너무나 비극이고 애절한 이 이야기를 접할 때마다 사실 조금 의아한 구석이 있었다. 어떻게 성냥 불꽃 안에서 음식이 보이고 엄마가 보였을까. 그것에 대한 의구심 말이다. 아마 나였다면 못 보았을 것이다. 아무리 먹고 싶은 음식이라도, 아무리 보고 싶은 엄마라도, 나는 못 보았을지도 모르겠다. 그런데 여섯 살짜리 내 아이는 성냥불이 없어도 보고 싶은 것을 보는 방법을 알아낸 것이다. 와 정말! 내 생각엔 내 아이가 알려준 상상 이론이 아인슈타인의 상대성 이론보다 훨씬 더 대단해 보인다.

여섯 살 두려움

내내 비가 오던 중 맑은 하늘과 해를 선물 받았던 행복했던 여행지에서의 어느 날 밤. 실컷 놀고 또 놀고 다리가 후들거릴 때까지 놀았던 신나는 하루를 마무리하며 잠자리에 들었다. 자기 전 함께 잠자리 기도를 드리고 몇 마디 담소하는데 아이가 갑자기 뜬금없는 질문을 했다.

"엄마, 사람이 죽으면 몸은 어떻게 돼?"

사람이 죽으면 영혼이 하늘나라로 간다고 알고 있는 아이의 '죽은 몸'에 대한 질문이었다. 나는 죽은 몸은 관에 넣어서 땅에 묻기도 하고, 아니면 태워서 고운 가루로 만들어서 나무 아래 묻거나 강물에 흘러가게 뿌리기도 한다고 설명했다. 그러자 아이는 끅끅 터져 나오려는 울음 참는 소리를 잠시 내더니 이내 흐느껴 울기 시작했다.

"…… 엄마…… 나는 죽는 게 무서워…… 흑흑흐흑."

갑자기 시작된 아이의 두려움에 대한 고백에 어떻게 답해주는 것이 옳은 것인지 당황스러웠다. 그저 내가 해 줄 수 있는 이야기는 무서워하지 마, 아직 너는 죽으려면 한참 한참 더 살아야 해, 네가 더 자라는 앞으로의 오랜 시간 동안 엄마가 잘 지켜줄게, 건강하게 잘 지내면 더욱더 오래 살 수 있어 등. 구슬프게 울고 있는 아이를 달래기 위해 뭐가 맞는지도 모를 이야기들을 했다. 그런데 더욱더 복받쳐 흐느끼며 털어놓는 아이의 고백을 들으며 나는 점점 마음이 간질간질해지기 시작했다.

"엄마…… 흐흑…… 마음(영혼)은 좋겠다. 흑흑 계속 살 수 있어서…… 몸은 죽는데 마음만 하늘나라로 가서 계속 살고…… 나는 그냥 몸인데, 그래서 하늘나라에 못 가는데…… 죽는 게 너무 무서운데. 흐흑흑 이럴 줄 알았으면 그냥 하늘나라에서 계속 살걸(아이는 자기가 태어나기 전에 하늘나라에서 살다가 온 줄 알고 있다). 괜히 태어나가지고 죽는 거만 무섭게…… 엉엉 엄마 나는 죽는 게 너무 무서워, 땅속에 들어가기 싫어, 나는 죽기 싫어, 엉엉엉."

급기야 굵은 눈물방울을 뚝뚝 흘리며 꺼이꺼이 통곡을 하는 아이가 짠하고 애잔하면서도 뭐랄까, 아이의 순진함과 천진함에 베슬베슬 웃음이 났다. 나는 우는 아이를 꼭 껴안고 숨죽여 웃었다. 그리고는 다시 정색하고는 아이를 바라보며 눈물을 닦아 주고 말했다. 그래도 네가 태어나서 엄마는 세상 가장 행복한 사람이 되었는데, 네가 태어난 걸 너무 후회하지는 말아 달라고. 잘 먹고, 잘 자고, 신나게 놀고 착한 마음으로 지내면 남들보다 훨씬 오래 살 수도 있다고. 우리 오래오래 함께 살자 약속을 하고 좋은 꿈 꾸며 자라 내일은 더 즐거울 거야 이야기했다. 다행히 아이는 금세 새근새근 잠들었고, 나는 아이가 잠든 후에도 몇 번이나 더 아이의 잠든 얼굴을 살펴보았다. 신기했다. 요런 작은 아이 머릿속에 무엇이 들어있나 새삼 너무 신비했다.

여섯 살. 아마도 이쯤인가 보다 해본다. 죽음에 대해 처음 궁금해지고 생각하는 때. 그 죽음이란 것을 생각해보며 아이는 삶에 대해서도 더 진지해지겠지. 종종 아이 마음의 이야기들을 들을 때면 늘 하는 생각이지만, 확실히 이 아이가 나보다 더 빨리 성장하고 있다는 것을 제대로 느낀 밤이었다.

제5장
너와 나를 위한 바람

인생의 반석

누군가 자신이 거시적인 안목으로 항상 현재보다는 먼 앞날을 바라보고 늘 계획적인 삶을 살아가고 있다고 말한다면 어떤 생각이 들까? 만일 그 사람이 그렇게 그의 미래를 자기 뜻대로 만들었다면 당연히 다른 사람에게도 그와 같은 안목을 가지라고 가르치는 것이 맞고 또 그대로 배우는 것이 도움이 될 것이다. 하지만 사실 나는 조금 다른 견해를 가지고 있는데, 인생이란 것은 말 그대로 각본 없는 드라마와 같아서 내가 아무리 계획의 계획을 짜도 그 흘러가는 물줄기를 오롯이 내 마음대로는 할 수 없다는 것. 큰 방향은 잡을 수도 있겠지만, 현재를 희생하면서까지 미래에 집착하는 것은 지금 시대에는 오히려 어리석을 수 있다는 것이 나의 지론이다.

행복한 인생을 만드는 법. 그런 문제에 대한 정답이 정해져 있다면 참 좋으련만 실제는 그렇지 않다. 그래서 우리는 저마다 행복하게 사는 법,

행복하게 잘 사는 방법에 대해 늘 궁금하고, 알고 싶고, 그 때문에 누군가를 모방하거나 전혀 새로운 도전을 하기도 한다.

역시 내 어린 시절로 돌아가 본다. 내가 지금 느끼는 인생의 행복감과 관련된 것들이 언제 어디서 어떻게 만들어진 것들인지 분석해본다. 물론 이렇게 분석한다고 때맞춰 딱 결과물이 나오는 것은 아니다. 그저 조금 더 진지하게 조금 더 끈질기게 마음속의 소리에 귀 기울여 본다는 뜻이다. 나는 그렇게 방법 하나를 도출해냈다. '행복한 인생을 만드는 방법'은 행복한 하루 또 행복한 하루, 그렇게 행복한 하루하루가 모여 '행복한 인생'이 된다는 결과적 사실이다. 특별하게 거창한 계획은 없다. 단순하게 1주일 7일 중의 4일 이상 행복한 일들이 있었던 날이 지났다면 그 주는 행복한 주가 된다. 3주 이상 행복한 한 달이 지났다면 그달은 비교적 행복한 달이고, 그렇게 일고여덟 달이 흘렀다면 그 해는 참으로 행복한 한 해가 될 것이다. 마치 무언가 대단한 것을 알려줄 것 같았는데, 이게 뭐야 허무한 느낌이 든다면? 그 느낌이 맞다, 인정한다. 논리가 너무 단순하고 유치한 느낌도 있다. 하지만 중요한 것은 그 마음과 다짐이다. 오늘 하루를 행복하게 만들어 지내며 내 인생을 행복하게 연결해 나가겠다는 마음. 그리고 그런 엄마의 마음과 다짐은 아이에게 그대로 전해질 것이다. 아직은 엄마 품 안의 아이이니 아이 인생 역시 엄마와 함께 행복하게 흘러가게 될 터. 이것을 굳이 엄마가 아이의 행복을 위해 애쓰는 날들이라고 하고 싶지는 않다. 어쨌든 엄마가 행복해야 아이도 행복하다. 아이의 행복을 위한답시고 엄마가 불행하다면 아이 역시 행복할 수 없다. 그런 방법은 있을 수가 없다.

미래를 전혀 생각지 않는 것은 아니다. 아이의 창창한 미래, 그리고 엄마의 남은 미래. 하지만 나나 아이의 인생에 대해서 거창한 계획 따위는 없다. 주어진 오늘을 최선을 다해, 지금을 최대한 행복하게 살면서, 닥치지 않은 날들에 대한 준비를 너무 고통스럽게 하지는 않기를 바라며 산다. 아이의 미래를 위한다고 미리 시작하는 선행학습이나 조기교육 따위, 그런 종종 득보다 잃는 것이 더 많아지는 것들. 나중에 커서 이런 거 너만 못하면 어쩔래, 하는 걱정과 역정보다는 오늘을 충분히 즐겁게! 나의 가장 젊은 날이자 아이의 가장 예쁜 날을 최대한 신나게! 그 즐거움과 신남 속에 서로에 대한 신뢰와 서로에 대한 감사, 그에 더불어 따라오는 인생의 아름다움을 알 수 있도록. 이런 날들이 모여 아이 인생의 든든한 반석이 될 수 있도록 오늘도 노력한다.

너에게 물려줘야 할 유산

예전과는 많이 달라진 세상이다. 자연도 사회도 문화도 모두 예전 같지는 않다. 더 좋아진 것도 많지만 아주 안 좋아진 것도 많다. 사람들의 문화의식이나 올바른 사회적 통념 등은 발전했다고 볼 수 있지만, 아무래도 자연적인 것은 예전보다 많이 망가졌다. 물이며 식량이며 이제는 깨끗한 공기까지도 부족하고, 뭔가 대체할 것을 찾지 않으면 안 되며, 오염되어 숨쉬기조차 힘들게 되는 듯하더니, 급기야 속속 창궐하는 신종 바이러스는 정말 온 인류의 일상생활을 바꿔 놓는 상황에까지 이르렀다.

내가 청소년기에, 내 또래를 가리켜 X세대니, Y세대니 하던 말들이 있었는데, 내가 생각하는 요즘 아이들은 'M(마스크)세대'다. 사계절 가릴 것 없이 등장하는 황사와 미세먼지, 혈관으로 곧장 침투해 뇌를 가격한다는 초미세먼지, 그리고 백신도 없어 생명을 위독하게 만드는 신종 전염병들.

요즘 아이들은 어린 시절부터 그 답답한 마스크에 익숙해져야 하고, 살면서 내내 마스크를 속옷 챙기듯 챙기며 살아야 할지도 모른다. 내 아이만 해도 처음엔 마스크를 착용하는 것을 신기하고 재미있는 놀이쯤으로 생각했지만, 뛰면 숨이 답답하고 날씨가 조금이라도 포근하면 온 얼굴에 땀이 차서 불쾌해지는 그 느낌을 좋아할 리 만무했다. 그래도 지속하는 공공기관의 교육들과 사회적 분위기로 싫지만 착용해야 한다는 사실을 부인하지는 않는다. 가엾은 것.

'우리 아이들에게 깨끗한 지구를 물려줍시다.' 이런 슬로건은 이미 너무 많이 접해서 싫증이 날 정도로 무감각하게 느껴진다. 하지만 이 목표는 정말 너무 중요하다. 모두 함께 애써야 한다. 내가 당장 무엇을 어떻게 해야 할까. 내 아이가 더 좋은 세상에서 살아갔으면 하는 바람으로 오늘도 물 아껴 쓰기, 종이 아껴 쓰기, 일회용품 안 쓰기를 노력한다. 하루하루를 행복하게 만들어 그날들을 모아 행복한 인생을 완성해야 하는데, 자연과 보이지 않는 전쟁으로 고통스러운 일상이 더 심해지지 않기를. 인간들이 깨끗하게 지켜내지 못한 지구를 인류를 위협하는 바이러스를 통해 청소하게 되지 않도록. 내 아이가, 우리 아이들이 어린 시절 파란 하늘 대신 뿌연 미세먼지를 기억하지 않도록. 상쾌한 야외의 바람 대신 공기청정기 바람을 기억하지 않도록. 맑은 지구라는 유산을 물려줘야 하는 것은 세상 모든 엄마(어른)의 숙제이자 염원일 것이다.

물렀거라

아이를 키우다 보면 어느 날 갑자기 아이의 성장이 눈에 보이는 때가 있다. 하룻밤 사이에 키가 부쩍 큰 것 같은 날도 있고, 어떤 날은 아이가 하는 말 한마디에 마음의 성장이 깊어진 것을 느끼며 깜짝 놀랄 때도 있다. 일반적으로 사람들은 '엄마가 아이를 키운다'고 말한다. 하지만 나는 종종 '아이는 엄마 없는 틈을 타서 엄마 몰래 크고 있는 것 같다'는 생각이 든다.

하룻강아지 한 마리를 진짜 인간으로 키워 내야 하는데 어찌 두렵지 않은가. 그중 내가 가장 두려운 건, 나중에 아이가 나를 원망하거나 내가 아이를 바라보며 내가 아이를 키운 방식을 후회하게 되는 것이다. 아직 일어난 일이 아니기에 아주 무서워하지는 않기로 하며 일상을 보내지만. 그래,

사실 많이 두려운 부분이다. 그래서 더욱 매일 매일, 순간순간, 잘 생각하고, 세심히 귀 기울이고, 바로 보고, 바로 느끼려 노력하지만. 그래도 어쩔 수 없는 기분이 들 땐 이 마법 주문을 마음속으로 읊어본다. '믿어주는 아이가 믿음직한 아이로 클 것이다!' 그리고 무엇보다 나 자신을 더 잘 믿어주려고 노력한다. 아이를 믿는 믿음은 아이가 아니라 나에게서 비롯된다는 걸 알기 때문에.

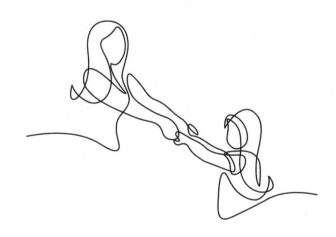

이것만은

아이를 키우며 크게 달라진 점 중의 하나는 나의 어린 시절을 자주 돌아본다는 점이다. 나를 돌아보고, 나의 부모님을 돌아본다. 나의 어린 시절과 당시 부모님의 인생을 돌아본다. 나이가 들어가면 갈수록 부모님께 더 고마운 부분을 떠올리고 감사할 뿐이다. 나 역시 자식을 낳고 살다 보니 더욱 그렇다.

그런데 또 이렇게 자식을 키우다 보니 전에는 크게 안 느끼고 살았던 (모른 체했던) 마음이 하나 자꾸만 커진다. 그것은 내가 부모님의 자식 중 후회되는 자식은 아닐까 하는 구슬픈 심정이다. 내 마음속에 자리한 그 심정이 어느 날 갑자기 시작된 것은 아니다. 그것 역시 나의 성장 과정과 인생의 결과물이다. 그것의 무게가 결코 가볍지 않다는 것을 알고 있기에 나는 나와 같은 슬픔은 아이 마음에 자라지 않기를 바란다. 조금 먼 훗날 아이가 어떤 삶을 살게 되던지, 그 삶이 세상의 어떤 잣대로 평가되던지 상관없이, 내 아이는 그 누구보다 자랑스럽고 나에게 크나큰 행복을 가져다 준 존재라는 것을 깊이 기억하며 살게 해주고 싶다.

상속 – 톡 까놓고 돈 얘기

물질이 온 세상을 지배하고 있는 21세기. 그래서 자본주의. 그리고 금수저와 흙수저. 조물주보다 높다는 건물주. 모든 것이 돈에서 시작해서 돈으로 끝나는 물질 만능사회. 누구나 많이 듣고 접하는 현시대 이야기들. 평론하고 비판하자면 끝이 없겠지만, 나눠보고 싶은 생각은 하나. 그 세상 우리 아이들도 살게 될 세상이라는 것.

언젠가 그럴 듯한 꿈을 꾼 적이 있다. 이른바 돈과 재물이 들어오는 꿈이라는 똥 꿈이었는데, 꿈속에서 내 집 마당과 집으로 향하는 골목이 온통 똥으로 뭉개져 있던 꿈이었다. 그런 꿈은 정말 처음인지라 큰맘 먹고 복권을 한 장 샀다. 그리고 이튿날인 주말, 어쩌면 당연하게, 하지만 왠지 억울하게, 내가 산 복권은 꽝 중의 꽝. 추첨이 된 숫자 두 개가 채 없었다. 그리고 그날 저녁 남편이 거래처에서 받았다며 십만 원권 상품권 한 장(딱 한 장!)을 주더라. 별생각 없이 받아 들었는데, 아! 하며 갑자기 기분이 나빠졌다. 아니 그보다는 실망이란 표현이 맞다. 실망감은 복권 때문도 상품권 때문도 아니었다. 그 발 디딜 틈 없이 질펀하게 엎질러져 있던 똥 꿈의 결과가 단돈 십만 원. 더는 소소할 수 없을 만큼, 참으로 대수롭지 않은 내 똥 꿈에 대한 실망감이었다.

그냥 그렇게 위안했다. 내가 그만큼이나 소박한 인간인가보다 하고. 그런데 결국 그것도 위안이 안 되었다. 돈이 재능이 되고 돈이 능력이 되는 이 시대에 뭣에 쓰려고 이렇게나 순박한 건지. 오히려 내가 무능해 보이고 모자라 보였다. 괜한 똥 꿈 하나로 불거진 기분이 참담했다.

한국에만 있는 특수 환경이라는 재벌(영어사전에도 등재 chaebol)가나 그 외 부잣집이라고 하는 소위 '사는 사람들'에게 있는 이야기들. 그저 평생 돈 걱정은 없을 부유한 사람들에게나 있을 법한 이야기. 돈으로 만들어진 그 신(新)귀족들의 결혼과 살림, 육아, 교육, 뒷바라지 등 자식의 인생을 위해 돈으로 해주는 모든 것들. 만약 내가 그들과 비슷한 환경이었다면 나는 어땠을까? 내 아이에 대한 투자나 물질적 공급을 그 누구에게 질세라 뭐 하나 모자람 없이 다 해주려 했을까? 그것이 아이에게 득이 되는지 독이 되는지 미리 따지기보다 우선은 내가 많이 가진 물질로 할 수 있는 모든 것을 총동원했을까? 그저 그렇게 당연한 과정처럼, 나 자신의 다짐과 지론보다는 현 사회에서 잘 벌고 잘 쓰며 지도층을 누리고 있는 사람들 다수의 선택을 따라 나도 내 아이도 흘러갔을까?

우리가 비슷비슷하게 알고 있는 이런 부류의 이야기 하나. 아이의 좋은 대학 진학(만)을 위해 멀쩡한 집을 팔고 난다 긴다 하는 학군의 단칸방으로 이사를 하고. 아이 학원비를 벌기 위해 엄마는 밤늦도록 식당 보조를 하고. 아빠는 직장 월급 이외의 수입을 위해 신문 배달에 우유 배달(아직 이런 아르바이트가 있는지는 잘 모르겠지만)에 대리기사를 뛰며, 낮이며 밤이며 아이를 위한다는 일념으로 부모의 몸은 부스러지고. 부모의 진짜 관심을 받아야 할 여전히 어린 아이는 홀로 남아 자신의 몸과 마음에 상처를 내다가 결국은 모든 게 파국으로 치닫는 '진짜 있었던 일입니다'를 깔고 있는 여러 비슷한 일화들. 완전 드라마네 드라마야, 하지만 그저 드라마에서만 나오는 일은 아니라는 것도 알고 있다. 아직도 여전히 보이고 들린다. 이런 일련의 사건들은 사건 당사자들만의 잘잘못이 아니다. 이 나라의 잘못된 교육 문제와 바람직하지 못한 사회적 가치관 등 여러 가지가 복합적으로 얽히고설켜 빚어내는 처참함이다. 하지만 이 모든 것을 좌지우지하는 것은 결국 돈.

미국의 평론가 프레드릭 제임스(Fredric Jameson)가 말한 것처럼 우리는 자본주의라는 체제의 종말을 기다리는 것보다 지구 종말을 상상하는 것이 더 쉬운 세상에서 살고 있다. 하지만 어떻게 해야 할까. 내 인생의 돈이 내 똥 꿈처럼 딱 그만큼이라면? 그저 나의 생은 딱 요만큼으로 소박하고 가난하게 살아가다가 끝나는 것이 내 하나님의 계획이라면. 아 그렇게 생각하니 좀 서럽다. 하지만 정말 그렇다면 계획은 다시 짜져야 하는 것이다!

일일이 다 나열하기도 벅찰 만큼 여러 가지 생각을 해봤다. 하지만 슬프게도 이미 시작되고도 꽤 흘러버린 나의 인생에 돈이 있고 없고는 앞으로도 크게 변하지는 않을 것이라는 결론. 개천에서 용 나는 시대도, 자수성가(自手成家)를 이룰 수 있는 시대도 다 지난 말이다. 내가 그 어떤 애를 써도 내 자식에게 세상 다 가졌다 하는 자들의 물질적인 부유함을 누리게 해줄 수는 없을 거라는 현실에 마음이 썩 쓰리다. 그렇다고 앞서 말한 이야기처럼 내 심신을 문드러지게 만들며 너라도 부귀영화와 권세를 누리라며 아이를 비뚤어진 방법으로 채찍질할 수도 없다. 참 나. 막상 이렇게 글로 적다 보니 참으로 내 꼴이 한심하기도 하고, 또 이런 세상에 제대로 빈정상하는 기분이다.

하지만 나는 어쩌면 이런 모든 현실을 사사로이 논하기 전에 이미 알고 있었던 것 같다. 내가 내 아이에게 해 줄 수 있는 특별한 것이 무엇인지. 아이의 웃음, 아이의 즐거움, 아이와 함께하는 시간. 아이를 보고 웃는 내 모습, 아이를 보고 진심으로 사랑한다고 표현하는 것, 아이와 함께 꼭 껴안고 잠드는 것, 아이가 눈뜰 때 입 맞춰주고 소중히 여겨주는 것, 엄마의 아이로 태어나줘서 고마워 말해주는 것, 너와 함께 살고 나서 엄마의 인생이 더 행복해졌음을 알려주는 것, 그렇게 너를 사랑하는 엄마의 이야기를 해주는 것, 그렇게 네 존재의 귀함을 알려주는 것, 네가 무엇을 잘하고 못 하고와는 상관없이 그저 너 자체가 행복이다, 알려주는 것.

그래, 어찌 보면 참 별것 아니게 보이는 이런 것, 어쩌면 세상 엄마라면 모두 실행하고 있는 것일 수도 있는 것. 그래서 나는 조금 더 열심히 더 열정적으로 실행하려 노력한다. 그것이 절대 별것 이도록. 내 아이에게 내가 해준 정말 특별한 것이 될 수 있도록. 그리고 그것이 훗날 내가 죽었을 때도 아이가 자신의 세상을 굳세게 살아나갈 삶의 밑천이 되도록. 아이의 마음 깊이 선명하게 새겨진 위대한 상속 재산이 되도록. 그렇게 노력하고 기도한다.

제6장

살다 보니

보통 사람

살다 보니 그렇다. 나는 보통 사람, 그냥 보통 사람이다. 그다지 특별할 것도 그다지 잘난 것도 없고 그렇다고 아주 바닥이지도 않은 그냥 그런 보통 사람.

나이가 좀 드니 좋은 게 있다. 스스로가 보통 사람인 게 마음이 편하다는 것이다. 좀 더 젊었을 땐 스스로 완벽하길 원했고, 나 자신이 특별한 것이 익숙했고, 내가 몸담은 사회 안에서 야심 차며 야망적인 때도 있었다. 일상이 갈등이었고, 경쟁이었고, 때론 내 길에 방해되는 것은 과감히 치워 없애고도 싶었다. 그렇게 꽤 열심히 최선을 다해 산 것 같지만, 또 그랬기에 많은 것이 치기 어려웠다.

살다 보니 그렇다. 나는 그다지 고급스러운 취향도 아니고, 나는 그다지 교양있는 스타일도 아니며, 그다지 덕이 있거나 우아한 사람도 아니다. 하지만 그렇다고 야박하지도 못하고, 대놓고 이기적이지도 못하며, 벌 받을까 무서워 누구나 살며 한두 번쯤 상상해보는 세상 흔한 나쁜 짓은 실행하지도 못한다. 그냥 나는 뭐든 보통만 하는 보통 사람. 보통으로 웃고 보통으로 울고 보통으로 똑똑하고 보통으로 어리석고 보통으로 살아가고 보통으로 느끼는 그런 보통 사람.

내가 보통 사람임을 알고 내가 보통 사람인 게 좋다. 보통 사람임을 인정하니 자신을 향한 완벽함을 버릴 수 있었고, 뭐든 특별하게 잘해야 한다는 부담도 내려놓을 수 있었다. 누군가는 그저 나이 들어 그런 거라고도 할 것이고, 또 누군가는 게을러지고 마음이 약해져서 그런다고도 할 것이다. 그래도 가장 중요한 것은 나 자신이 생각하는 내 삶이 아니겠는가.

사실 이런 생각은 아이를 키워보지 않았다면 못했을 생각일 수도 있다. 혼자였을 때야 내 몸 하나 잘 간수하고 관리하면 되었고 그렇게 제 잘난 척 완벽한 척했지. 하지만 아이를 키우면서는 모든 게 내 마음먹은 대로 내 계획대로 되지 않는다는 진리를 알게 되었으니 말이다. 하지만 이렇게 되고 나니 지금의 나를 보며 오히려 맞아! 나는 원래 이런 사람이었는데! 하는 생각을 하게 된다. 잊었던 내 본성을 찾은 느낌이랄까. 아이러니하게도 나를 놓아 버렸더니 진짜 나를 찾은 셈이다. 허울만 좋았던 불편한 옷을 벗어버리니 자유로운 진짜 나를 다시 만난 것 같은 기분이다.

노산(老産)이라는 꼬리표를 달고 지냈던 나의 임신 기간과 출산 시기. 늦은 엄마라는 것에 아무런 걱정이 없었던 것은 아니었지만, 지금의 나는 나의 노산을 내 인생의 행운이라고 생각한다. 만일 내가 빠른 엄마였다면, 어느 정도 나이가 들어야 가져질 수밖에 없는 이 육아의 참맛을 못 느끼고 살았을 수도 있겠다는 생각을 한다. 젊었다면 젊은 대로 또 다른 부분으로 노력하고 애쓰며 살았겠지만, 그래도 나는 지금의 내가 좋다. 나는 나이 든 지금의 내가 나쁘지 않다. 내가 늦은 엄마라 좋다. 내가 남들보다 나이 들어 내 아이를 만나서 정말 다행이다.

계획

　해가 바뀌는 년 초가 되면 사람들은 신년이다, 새해다, 하며 올해 목표를 잡고 신년 계획을 세우곤 한다. 나 역시 살아오며 남다를 것 없이 새해가 되면 필요 이상으로 기분을 내며 이것 좀 해볼까 저것 좀 해볼까 했었다. 은근히 단순 행동파 경향이 있는 나는, 그저 신년이라는 것 하나에 한껏 부풀어서 또 몸뚱이 부서지도록 야심이 생기는 것이다. 그런데 올해는 문득 그랬다. 지금도 나쁘지 않아, 지난해도 쉽지 않았어, 이대로 유지만 해도 다행이야 하는 생각이 들었다. 그래서 나는 이제 새로운 신년 계획들을 세우는 것보다는 그저 하루하루를 최선을 다하면 되었으니 심신이 아프도록 희망차지는 말자, 다짐했다.

　인생이 내 마음대로 흘러가지 않는다고 해서 아무런 계획 없이 사는 것은 어리석겠지만, 언젠가부터 그저 내 맡은 자리를 잘 지키는 것만으로도 나는 잘살고 있다고 믿는다. 현실에 안주하고파 하는 그저 그런 변명이나 위안 같은 마음이 아니라, 그것이 내 삶의 신념이 되고 에너지가 되는 그런 진짜 믿음. 그래, 내가 그 정도 분별은 할 수 있는 만큼은 컸다.

아이가 태어나기 전엔 만수무강의 욕심이 없었던 것 같은데, 이젠 건강하게 오래오래 살고 싶다. 그래서 올해 나는 나를 좀 더 잘 알아가는 한해로 보내기로 한다. 나머지 인생을 더 잘, 더 괜찮은 사람, 아이에게 더 자랑스러운 엄마로 살아보고 싶으니까 말이다.

나의 생일

대한민국 전역이 수능으로 비상인 오늘. 몇 년 만에 제때 찾아온 입시한 파로 아이의 등원 길을 맨발의 단화 차림으로 따라나섰던 걸 후회한 날. 그리고 다시 집에 돌아와 오전 시간, 보통 같으면 집안일을 일사천리 끝내 놓고 다른 볼일을 보러 외출하거나 아이의 하원 후계획을 잡아 준비하는 시간. 나이 들수록 변화가 귀찮아져 웬만하면 오전만큼은 규칙적이고 싶어 하는 하는 일상. 하지만 오늘은 출산 후 처음 가져보는 '혼자 있는 시간이 있는 내 생일'. 괜스레 이런 시간에 특별함을 부여해보고자 햇살 잘 비추는 거실 소파에 기대어 앉아서는 창밖 먼 산을 바라보고 늘어져 있어 본다.

올해 내 생일 이른 아침. 기상 전 침대 속에서 이민 가서 시차가 있는 친구를 시작으로 오랫동안 무소식이 희소식이라 생각하던 친구까지 생일 축하 연락을 해준다. 학창 시절에야 생일이면 1주일 전부터 오늘은 이 친구랑 내일은 저 친구랑 해가며 생일 파티를 챙겼지만, 그것도 이십 대 중반이 넘어서는 그저 주말에 하루 몰아서 조촐하게(?) 지냈다. 뭐 파티가 별것인가, 친구들과 만나 먹고 마시고 떠들고 노래 부르고 하는 것. 그때는 그렇게 생일이 놀기 위한 빌미를 제공하는 이벤트 출처였고, 내가 주인공이었고, 늦도록 놀아도 정당한 기회의 날이었다. 생일이 시큰둥해지기 시작한 건 삼십 대 넘어서면서였던 것 같은데, 그저 각자 살기 바쁘고 할 일도 많고. 그러면서 서서히 적당하게 차분해졌다. 게다가 뭔가 나이가 점점 많아져 간다는 유쾌하지 않은 느낌도 있었고. 그래도 생일은 생일이니 가족과 친구들의 축하를 받고 줄곧 부모님께는 금일봉도 받았다.

그러다 다시 내 생일이 특별하게 느껴지게 된 계기는 바로 나의 출산 경험이다. 아이의 생일이 무엇이냐, 바로 엄마가 출산한 날이다. 내 생일이 되면 이제 나는 내 엄마의 '그날'을 떠올려 본다(이래서 자식 낳아봐야 철든다고 하나 보다). 엄마가 아이를 세상에 나오게 하느라 고통을 겪으며 까무러치던 날이 바로 아이의 생일이다. 아이가 세상에 태어난 것을 축하하고 아이의 살아갈 인생을 축복하는 것도 당연하지만, 그날 엄마가 겪었던 출산의 고통에 대한 경외심을 가져야 하는 날.

축하 메시지를 보내신 친정엄마께 답신을 보냈다. 그 어린 20대에 나를 낳아 키우시느라 애쓰셨다고. '나의 엄마'는 '어린 20대'라는 표현에 웃으셨지만 나는 깊은 진심이었다. 그래, 그래도 딸 가진 엄마들은 이런 공감을 받는다. 나는 아들만 하나인데, 나중에라도 내 아들에게 제 생일날 엄마 나 낳느라 고생했소, 소리 한번 들어 볼 날 있으려나. 그래, 미리부터 큰 기대는 말아야지. 하지만 옆구리 쿡쿡 찔러서라도 들어보고 싶다. 엄마 고마워 엄마 사랑해.

불안 장애

　간혹 아이를 재우며 이른 밤 함께 잠들었다가 동트려면 한참 남은 이른 새벽녘에 홀로 잠이 깨 온갖 잡념에 시달릴 때가 있다. 기다리는 좋은 일이 있다면 그런 것을 상상하거나 기대하는 마음을 가져도 좋으련만, 그런 시간에 꼭 나를 찾아오는 것은 세상 모든 불안. 쉼 없이 몸을 움직이는 일상 동안에는 깊이 생각할 겨를조차 없는 그런 불안들은 그렇게 조용한 밤이면 정말이지 끝도 없이 밀려와 몸서리를 치게 만든다.

　내가 느끼는 불안들이란, 여러 종류가 있는데, 이따금 객관적으로 보면 정상 수치를 좀 벗어난 불안 장애 같은 것들이다. 앞뒤 아무런 맥락도 없이 아이가 사고를 당하면 어떡하지, 누가 아이에게 못된 짓을 하면 어쩌지 하는 불안감들로 눈물까지 날 때도 있고. 소소하게는 아이가 속상한 일로 울었던 때의 표정과 울음소리가 되살아나 그 속상함이 아이 마음에 무언가 아픈 것으로 자라지는 않을까 불안해한다. 물론 내가 좀 심한 것 같군, 하는 생각도 한다. 그러다가 아니야 모든 부모라면 나랑 같을 거야 싶기도 하다.

한창 패기 넘치던 시절에는 눈 쌓인 미시령의 새벽안개를 뚫고 겁 없이 달리기도 하였는데. 그렇게 25년이 넘어가는 무사고 베테랑, 나름 인정받은 거침없는 오너드라이버인데도 아이를 태우고 다닐 때는 종종 운전도 졸보가 된다. 물론 운전이야 조심 또 조심해도 나쁠 필요가 없다만. 이런 당연한 경우 외에도 너무 편안하지 못할 정도로 곤두서있는 조심성에 스스로 좀 힘들 때도 있다. 아이가 마련된 장소에서 대범하게 뛰고 달리고 오르고 구르고 하는 것에는 오히려 불안감이 없는데, 자꾸만 내가 불안해하는 것은 뜻하지 않은 사고 즉 불의의 사고! 자고 일어나면 들리는 세상 갖가지 불의의 사고들. 아이를 낳고 키우기 전에는 이렇게까지는 공감하지 못했던 세상의 사건 사고들. 내가 아무리 애지중지 잘 먹이고 내가 아무리 똑똑하게 잘 가르친다 해도 밖에 나가 예상치도 못하게 당하는 사고!

이런 종류의 불안이 엄습하면 정말이지 아무것도 손에 못 쥘 만큼 무기력한 마음이 들어 버리기도 한다. 그런 마음이 며칠 이어지기라도 할 때면 아무리 관대한 엄마라도 좀 예민해지기 나름이다. 그런 이유로 얼마 전 이름을 부르는데 뒤도 돌아보지 않고 혼자 뛰어가 사라져 버린 아이의 행동에 대해 눈물이 쏙 빠질 정도로 혼을 냈다. 갑자기 어디로 간다 말도 없이 내달리더니 시야에서 사라져 버린 아이. 그리고 내가 아이를 찾으며 두리번거리며 거의 달리다시피 아이가 사라진 쪽으로 가는 그 찰나. 내 불안한 마음은 또 요동을 쳤다. 아무 일도 없다(있었다면 저쪽 주변의 사람들이 그렇게 평안하게 서 있지는 않았을 테니)는 것을 알면서도 그 일찰나에 애간장은 타들어 가고 나쁜 상상의 장면들이 머릿속을 요란하게 오고 갔다. 사실 아이가 뛰어간 길은 아파트 단지 안이었고, 아이가 한껏 달려 도착해 있던 곳도 같은 아파트에 거주하는 외갓집 앞이었다. 하지만 오래된 이 아파트는 지상으로 온 사방 차들이 다니는 구조인 데다가, 때마침 아이가 내달리던 방향으로 유치원 버스니, 태권도장 버스니, 커다란 대형 차량이 번잡하게 지나가고 있었다.

아이를 찾은 나는 동네 창피는 맡아 놓은 듯 길에서 아이를 크게 혼냈다. 너 그러다가 차에 부딪히면 어떡할래! 엄마가 안 보이는 데까지 달려갔다가 너 다시는 엄마 못 찾으면 어쩌려고 해! 거의 멱살을 잡다시피 아이를 붙들고는 사자후를 질렀다. 왜 불러도 듣지도 않고 달려가 버리느냐고, 너는 엄마 부를 때 엄마가 듣지도 않고 더 멀리 더 멀리 달려가 버리면 어떻겠냐며. 아이는 눈물이 그렁그렁 입을 삐쭉삐쭉하다가 결국 울음이 터졌다. 그 길로 집에 돌아와서 나는 엄마 마음이 어떤지, 엄마가 왜 그렇게 화를 냈는지, 엄마가 걱정하는 것이 어떤 것인지 아이에게 최대한 잘 설명하려 했다. 그리고 아이는 고맙게도 엄마의 마음을 헤아려 주는 듯했고, 우리는 몇 가지 약속을 굳게 한 다음에 서로 마음을 풀었다.

그리고 꼭 그런 일들이 있은 다음 날은 전날 아이의 여러 모습이 되돌아와 이른 새벽녘부터 내 마음을 부산스럽게 한다. 색색거리며 잠든 아이를 보듬어보고 귓가에 사랑해 엄마가 지켜줄게, 속삭여도 본다. 그러다 아이가 칭얼거리는 소리라도 낼 때면 엄마한테 혼난 것 때문에 악몽을 꾸나 싶은 생각도 든다. 이래서 부모는 죄인이라고 하나 보다. 자식에게 잘해도 못해도 그저 죄를 짓고 사는 것은 변함이 없다.

불의의 사고. 말 그대로 미처 생각하지 못했던 사고. 상상조차 하고 싶지 않고 절대 내 아이의 인생에 없기를 바라는 것. 아직은 내 품에 있는 이 시기에 안전하게 양육하고 더 커서는 스스로 자신을 지킬 수 있게 교육하는 것이 나의 몫. 그리고 애달픈 그 어미를 위한 담대함에 대한 기도. 내가 내 아이를 믿는 것처럼 나 역시도 아이에게 믿음직한 엄마가 되기를 기도한다. 그리고 이런 다짐과 기도를 하는 나를 마음 깊이 응원한다.

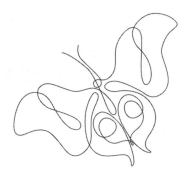

보통 사람의 반전

어쩌다 아이에게 '버럭'하고 나면, 내게 돌아오는 건 결국 죄책감과 자괴감과 루저가 된 것 같은 꾸깃꾸깃한 심정이다. 뭐 아이가 잘못하면 뭐 얼마나 큰 잘못을 했다고 잡아먹을 듯 그렇게 화를 냈을까. 하지만 엄마도 사람인 걸, 하고 나를 위로하지만 어쩔 수 없는 헛헛한 마음. 아이가 지금보다 더 어렸을 때, 그리고 내가 더 미숙했던 때 그 너덜너덜해지던 마음의 구멍 크기는 더 컸었다. 하지만 그렇게 반성하는 마음은 마음이고, 또 다시 예상치 않은 상황에서 뚫리곤 하는 구멍들은 그저 일련의 일상들이다.

지금까지 인생을 살아오면서 많은 종류의 것들에 몰두해봤지만, 그중에 최고는 바로 '육아'인 것 같다. 힘들지만 보람되고, 고되지만 희열이 있으며, 순간순간 주어지는 행복한 찰나들은 그동안 나름 대단하다고 생각해온 많은 인생의 경험을 삽시간 다 아무것도 아닌 것처럼 하찮게 만들어 버린다.

사람이 또 한 사람을 키운다는 것. 자식을 양육한다는 것. 인류의 모든 어머니가 해 온 일이기에 때론 특별하게 보이지 않을 때도 있다. 하지만 난 확실히 하루하루 더 '특별해 지고 있는 것' 같다. 한 아이의 엄마로, 내 아들의 엄마로, 더 지혜롭고 더 사랑스러운 사람으로. 그리고 이따금 전보다 더욱더 '욱'하는 사람으로.

미안해 사랑해

여전히 혼자만의 시간이 많은 일상은 아니다. 물론 혼자 있는 시간이 있지만, 그 시간을 오롯이 '나'를 위해 사용하지는 못하기 때문에 사실 무슨 생각이나 궁리를 하다가도 급히 마무리되거나 중간에 끊어져 버리곤 한다. 그런 것 중 어떤 기억들은 정말이지 불현듯 아무런 맥락 없이 떠오르곤 하는데 그렇게 떠오른 기억이 때로는 눈물이 찔끔 날 정도로 후회되고 마음 아프기도 하다.

나는 인내심 크고 차분하며 모든 것을 애정으로 감싸주는 그런 이상적인 어머니상이 못 된다. 오히려 정 반대일 수 있다. 아이를 사랑하는 마음이야 그 누구와 비교 하겠냐마는, 때로는 불같이 흥분하고 화가 나면 참지 못하고 내 성질에 못 이겨 파르르 떠는 다소 다혈질 엄마다(좋을 때 애정 표현도 혼신을 다해 한다). 말도 못 하고 걸음도 아직 시원찮은 어린아이와 함께 24시간을 보내며, 나는 아이를 세상에 나온 지 얼마 안 되는 '아기 사람'으로 대하기보다 그냥 '사람'으로 대했던 적도 있었다. 아무것도 모르고 저지른 아이의 행동에 혼자 흥분해서 대상도 없는 곳에 화를 낸 적도 있고, 고백하자면 내 분을 혼자 삭이기 위해 영문도 모르고 울고 있는 아이를 빨리 안아주지 못하고 바라만 보고 있었던 적도 있다. 멍청했고, 후회되지만 어쩔 방도도 없이, 그땐, 그랬다. 그렇게라도 안 하면 내 안의 뭔가가 펑 터져 버릴 것 같기도 했고, 예쁘지 않은 나의 한 부분이 내 전부를 야금야금 좀먹어버릴 것도 같았다.

하지만 지금 돌이켜 생각해보면 그랬던 나의 모습들을 내 아이가 기억하지 못해 다행이다 싶다. 창피하다기보다는 죄스럽다. 기억난다. 아이는 요리하는 엄마 등에 매달려 주위를 기웃거리다가 손에 닿는 컵을 만져봤을 뿐인데 하필 그 컵이 한껏 개어 놓은 찹쌀 전분 물이 담긴 컵이었다. 눈 깜짝할 사이에 컵은 떨어졌고 믿고 싶지 않을 정도로 난장판이 된 부엌. 산산조각이 난 유리 조각뿐 아니라 사방에 튀고 날아간 찹쌀 전분. 이런 상황을 보통 '울고 싶다'라고 표현하던가. 그래, 차라리 내가 그냥 울걸, 나는 끼악 소리를 지르고 허둥대며 아무것도 모르고 놀라 울음이 터진 아이를 진정시키지는 못할망정 오히려 더 오래 울렸던 모자란 엄마였다.

그날 아수라장이 된 부엌을 치우기 위해 아이와 함께 벗어 내린 아기 띠, 아기 침대 위에 갑자기 덩그러니 내 버려져 영문도 모르고 엉엉 울던 아이의 모습이 아직도 생생하다. 내 새끼라 그렇겠지만, 내 눈엔 내 아이의 우는 모습이 늘 다른 아이보다 서럽고 보였고 불쌍해 보였다. 그런데도 난장판을 한참 치우느라 아이를 혼자 울리고, 다 치우고 나서도 내 진이 다 빠져 서둘러서 달래주지 못했다. 지금도 마음이 아프다. 너도 아무것도 몰랐지만 엄마도 잘 몰랐었어. 하지만 너를 키우며 너에 대한 사랑도 성숙해지고 있는 엄마를 믿어주렴.

제7장

슬프기도 화나기도 빡치기도

키우려 말고 지켜줍시다

　요즘 여기저기 아이 키우는 이야기들을 듣다 보면 앞으로 다가올 AI 시대에 꼭 필요한 것은 결국 창의력이라는 말들이 많다. 기계가 하지 못하는 사람만이 할 수 있는 것. 창의력. 그리고 많은 부모가 자신의 아이들에게 바라는 것 중 하나로 꼽는 것. 창의력. 나는 개인적으로 그 창의력이라는 것이 어느 정도 동심과 연결되어 있다고 생각한다. 상식에 빠삭하고 높은 학식을 쌓고 아이큐가 좋은 사람을 꼭 창의력 있는 사람이라고는 할 수 없다. 나는 창의력은 IQ가 높거나 낮거나, 또는 시험 점수가 높고 낮은 것과는 별개의 것으로 생각한다.

　간혹 엄마들이 우리 아이 미래의 인재로 만들고 싶어요, 창의력 있는 아이요, 라고 말(생각)하면서 그 방법으로 흔히 조기 교육, 영재 교육 등의 선행 학습을 택하는 경우를 본다. 사실 어린아이에게 배움을 전해주는 것은 잘못된 것이 아니다. 아이는 태어난 이후 계속해서 배우고 습득하며 자란다. 사람의 나이와 상관없이 배움과 교육은 당연하고 자연스러운 것이다. 단지 그 교육이란 것이 눈앞의 숫자로만 평가되는 점수와 등수, 성적과 등급에만 연연하고 있다는 것이 비정상적일 뿐. 때문에 조기 교육, 영재 교육에 걸맞은 달란트를 타고난 아이들의 배움은 잘못이 없다. 하지만 그것에 대한 교육의 잘못은 크다.

창의력을 키우는 미술 교실, 창의력을 키우는 음악 교실, 창의력을 키우는 수학 교실, 그중에 최고는 창의력을 키우는 영재 교실. 그리고 두 돌 된 아이들에게 영어 단어가 적힌 카드를 보여주고 맞추고 따라 말하기를 시킨다. 창의력 있는 아이로 키우고 싶되 우선은 30개월에 알파벳은 다 떼어야 한다는 뭐 그런 논리인가. 이 대목을 쓰면서 나는 정말 소름이 돋고 있다. 30개월이면 알파벳이 아니라 기저귀나 떼면 아주 장한 거다. 할 줄 아는 말보다 모르는 말이 훨씬 더 많은 30개월짜리 아기가 알파벳을 떼기 위해 했을 노력을 생각해보라. 거의 아동학대 수준이 아니었을까. 아이가 정말 타고난 언어의 천재라 아무리 나가서 뛰어놀자고 해도 알파벳(심지어 한글의 모음 자음도 아닌) 단어장이나 플라스틱 교구를 쥐고 놓지 않으며 어머니, 저는 정말 알파벳이 좋습니다! 라고 외치며 울고불고한다면 모를까. 그런 아이도 아닌데 주야장천 알파벳 영어 단어장을 보여주며 외우게 했다면, 그 아이는 자신이 영어 단어를 맞췄을 때 기뻐하는 엄마의(혹은 아빠의 혹은 할머니 할아버지의) 모습이 좋아 자신의 뇌를 학대한 것이 분명하다. 30개월이면, 아니 50개월이더라도 아직 네다섯 살밖에 되지 않은 아이. 그 연하고 말랑말랑하고 뭐든 쭉쭉 빨아들이는 무한한 우주 같은 아이의 뇌에 창의력은 고사하고 진정한 배움의 흥미를 밟아버린 것과 진배없다.

더 심한 예로 고작 50~60개월 안팎인 아이를 작은 단락으로 이루어진 영어 지문을 외우게 하여 그대로 받아쓰기를 하는 일명 '잘나가는' 영어유치원도 있다. 내 아이를 그런 영재(?) 같은 아이로 만들기 위해 비싼 학비를 내고 원에 보내는 부모들. 그리고 그렇게 그 원에 다니는 내 아이는 당연히 그 모든 두뇌 학대를 잘 견뎌 낼 거라는 부모만의 믿음. 그리고 행여 아이가 그 믿음에 금이 가는 결과를 보여줬을 때 발생할 아이와 부모 모두의 상처. 그런 걸 생각하면 마음이 아플 뿐이다.

아이가 정말 아이일 때는 제발 아이의 온 인생을 버텨 줄 초석이 될 만한 것들만 넣어줬으면 좋겠다. 세상엔 내가 넣어주지 않아도 아이 스스로 알게 되는 부정적인 면들도 많다. 그런 것을 다 막아주지는 못하겠지만, 엄마인 내가 아이에게 알려주는 것만은 그래도 긍정적이며 단단하고 밝고 근사한 것이길. 길고 길 앞으로의 인생 여행에 두고두고 힘이 될 수 있는 그런 에너지이길 바라면서. 그리고 그 올바른 인생의 초석이 바로 아이의 창의력의 기본이 되리라는 것을 믿어 의심치 말기를.

나이가 들면 믿지 않게 되는 산타클로스, 그리고 아무리 울려도 들리지 않게 된다는 산타 썰매의 방울 소리. 그것이 단지 상상 속의 이야기에 불과하다 하더라도, 나는 내 아이가 어른이 되어서도 크리스마스의 방울 소리를 들을 수 있는 사람이 되기를 바란다. 그리고 그렇게 깊이 남아있을 수 있는 동심이야말로 창의력의 원동력이라고 생각한다. 동심, 말 그대로 어린아이의 마음. 어른들은 아이들에게 자꾸 창의력을 키워준다고 말하곤 하지만, 어쩌면 아이들은 이미 모두 창의력을 가지고 태어나는 것일지도 모른다. 정말 그렇다면 그 창의력은(혹은 동심) 우리가 키워주겠다 할 것이 아니라 사라지지 않도록 해주는 것. 그것이 바로 어른들의 몫이다.

육아는 여자만의 도박?

경단녀. 경력 단절 여성. 그렇다면 경단남? 그런 말이 있기나 하던가? 주 양육자가 되어 아이를 키우는 아빠, 또는 엄마보다 육아에 적극적인 아빠들을 보면 보통 어떤 생각을 할까. 사람들은 대놓고 말하지는 않지만 마치 그 집은 아이 엄마가 무늬만 엄마지 아이 키울 줄을 몰라 아빠가 나서서 자신을 희생하며 아이를 양육해야 하는 그런 집안이 되어 버린다. 엄마의 경력 단절은 일하던 여성의 임신 출산 육아에 의한 어쩔 수 없는 사회적 현상으로 보면서, 아빠가 육아로 인한 경력 단절이라고 하면 그 집 엄마는 애 하나도 잘 못 키워 남편을 '애나 보는 사람'으로 만들었다가 되는 상황. 아니면, 뭐 얼마나 버는데요? 남편보다 더 잘 번대요? 같은 비아냥이 되돌아오는 상황. 물론 요즘엔 그래도 세상이 바뀐다고 바뀌는 중이라 이렇게 생각 안 하는 사람도 많단다. 하지만 내 제한된 경험에 의하면 여전히 사회의 시선은 대부분 그렇다.

사회는 '엄마'가 아이를 키우는 것을 그렇게 너무나 '당연'하게 여기면서, 그 육아(고작 그 육아) 때문에 엄마가 쌓아온 커리어를 버리는 것에 대해서도 또 꽤나 냉소적이다. 결국, 육아든 일이든 모두 하라는 건데, 그러면 또 그런다. 저 집 엄마는 일하느라 애를 제대로 못 키웠다며. 그리고 사회에서는 그런다. 저 사람(엄마)은 애 때문에 일에 집중을 못 한다고. 그리고 남성이 사회적으로 성공하면 능력 있다고 하면서 여성이 성공하면 독한 년이라고 한다. (유부녀가 직급이 높으면 집안이며 자식이며 다 뒷전 두고 일만 했다고 하고, 미혼인데 성공하면 결혼도 안 했으니 할 것이 뭐 있어 일이라도 잘해야지 한다. 참 재밌지 않은가?)

그러다가 직업이 있던 여성이 직업을 그만두고 육아를 하면 마치 그 아이에게 인생을 걸기라도 했다는 듯이 '아이에게 올인한다'라는 표현을 하곤 한다. 그리고 종종 그에 덧붙는 이야기는 '아이나 키우며 살기엔 아깝다'다. 나 역시도 여러 번 이런 표현의 대상이 되곤 해왔다. 결론부터 말하자면 나는 그 표현이 싫다. 아이에게 모든 걸 걸고 매진한다는 것이 나쁜 것이라고는 할 수 없지만, 아이나 나를 무슨 값을 매길 수 있는 물건이나 목표로 둔 것같이 말하는 것이 싫다. 아니, 사실은 그 말 뒤에 숨어 있는 본뜻, 즉 지나온 너의 인생(많은 시간과 노력과 그것보다 더 많은 돈이 들어간)이 이제는 다 헛것이 되었다고 하는 말로 바로 들려서 싫다.

나는 페미니즘이니 반(反)페미니즘이니, 개똥이니 방귀니 하는 것은 일절 관심도 없다. '아이를 키우는 것'은 여성 남성의 문제가 아니라 아이의 '부모'로서의 책임이니까. 그리고 육아가 엄마든 아빠든 부모의 그 누구에게라도 '희생'의 문제로 언급되어서는 안 된다고 생각한다.

그래, 생각해보니 그들의 말이 맞는다. 나는 아이에게 나를 다 걸었다. 하지만 나를 아이에게 올인 한(뭔가 아이를 위해 엄청난 희생을 한 것 같은) 엄마라고 했던 사람들이 생각하는 그런 올인은 아니다. 지금의 내 인생을 아이에게 걸었기 때문에 더 나를 챙긴다. 더 나를 소중히 한다. 더 내 마음의 소리에 솔직하려고 한다. 더 잘 먹고 더 잘 자고 더 잘 살려고 한다. 더 괜찮은 사람이 되려고 한다. 이 아이와 오래오래 멋진 삶을 함께 공유하기 위해서, 이렇게나 내가 사랑하는 소중한 내 아이와 건강하고 신나게 만수무강하기 위해서 말이다. 사회에 내가 비운 자리를 채울 타인은 많고 많지만 내 아이에게 나를 대신할 자리를 채울 수 있는 사람은 단 한 명도 없다는 걸 안다. 그리고 나의 이 올인에 대해 단 한 치도 후회가 없는 내가 썩 마음에 든다.

꺼져주세요, 오지라퍼

50개월 아이가 유치원에 입학하기 전까지 나와 아이는 추우나 더우나 보통 낮엔 야외 활동을 도모했다. 그러다 보니 우리는 대낮에 대중교통을 이용하거나 집 주변 산책길을 걸어 다니거나 하던 적이 많았다. 그런데 아이가 36개월쯤 지난 후에는 종종 길에서 아이를 보고는 어린이집 안 가고 엄마랑 어디 가냐는 등의 이야기를 건네는 사람들을 만나곤 했다. 처음 한두 번이야 어린아이가 반가워 아는 척하는 것이겠지 싶어 미소를 건네거나 몇 마디 대답하기도 했었다. 하지만 대꾸를 하거나 미소를 지어주면 종종 더 깊어지는(?) 대화가 시작되곤 했는데, 말이 대화이지 대부분의 내용은 내 가정의 가족계획에 대해 다짜고짜 왈가왈부하는 무식한 망언들이었다. 정말이지 몇 번은 집에 돌아와서까지도 화가 가라앉지 않아 붉으락

푸르락할 정도였다.

　그런 일이 몇 번 있고 난 뒤, 나는 길 가다가 내 아이를 보고 아는 척 반가운 척 하는 모르는 사람들에게 웬만해선 눈빛조차 주지 않는다. 그리고 아이에게도 이야기한다. 지나가는 사람이 너에게 말을 시키거나 아는 척 해도 네가 모르는 사람이면 인사 안 해도 되고 대답 안 해도 된다고. 이름이 뭐니 몇 살이니 물어도 너에 대한 정보를 주지 말라고. 행여나 너에게 무엇인가 도와달라고 하더라도 어린이는 더 큰 어른들을 도와줄 수 없다고. 어른은 어른이 도와주는 것이지 아이에게 도와달라고 하는 어른은 나쁜 사람이라고. 그래도 계속 도와 달라고 하면 무조건 도망치라고.

　아, 그러지 말자. 진짜. 내가 만난 망언의 주인공들이 이 글을 읽을 리 만무하겠지만, 내가 아이를 하나만 낳았던, 그것도 아들만 하나이던, 엄마에게는 꼭 필요한 딸이 있든 말든, 행여 외자식 하나만 보고 살다가 사고로 일찍 잃으면 어쩌려고 하냐는 사람까지(정말 이런 말을 한 사람도 있었다)! 나보다 나이 더 들었다고, 나보다 자식 더 낳아 봤다고, 혹은 당신 자식이 나보다 자식 더 낳았다고 내 앞에서 유세 떨지 마라. 내 진짜 부모님도 내 진짜 시부모님도 나한테 그런 말 한 적 없다. 내가 아이 돌볼 동안 나 대신 내 집 가꿔놓고, 육아로 힘든 내 온갖 수발들고, 내 아이 평생 양육비 대주고, 당신이 저세상 가는 길에 있는 재산 다 내 아이에게 물려줄 것 아니라면! 그 정도 못 해 줄 거라면 남의 집 가족계획에 이러쿵저러쿵 입방정 떨지 마시라. 막말로 불임이나 건강이 안 좋아 원해도 아이가 더는 안 생기는 가정이라면 얼마나 억장이 무너지겠나. 연세를 드시려면 곱게 드시고 망령 떠시려면 당신 진짜 아들딸에게나 실컷 하시길 바란다. 그러면 당신 친자식과도 연 끊어지는 날 속히 오리니.

에이, 그래도 실제로는 이런 사람들 별로 없지 않을까 싶은가요? 글쎄요? 아니면 제가 막 만만하고, 막말해도 찍소리 못할 팔푼이같이 생긴 걸까요?

아이와 함께하는 일상을 보내다 보면 이런저런 곳에서 마주치게 되는 또래 아이들의 조부모님들이 있다. 같은 외동아이면 덜 하는데, 당신 손주가 둘 이상 되면 아들 하나 있는 나를 어찌나 처량하게 안타깝게 보는지. 집에 있다면서(직장도 없다면서) 애 하나만 낳고 뭐 하느냐 대놓고 하나 더 낳으라 하는 핀잔과 훈계로 시작해서, 우리 애는 둘을 낳고도 하나를 더 생각한다는 둥, 그 집 애가 혼자서 얼마나 쓸쓸하고 외롭겠냐며 쯧쯧 가엾다는 둥. 아니 이건 뭐, 우리 아이를 천하의 가여운 자식으로 만들고 나를 세상 미련한 불쌍한 엄마로 만드는데. 아 웃어야 하나 울어 하나, 정말 이 분위기 맞추려면 나 정말 속상해서 길바닥에 쓰러지는 척이라도 해야 하는 건지?

아니, 이보세요, 저기요, 어르신, 있잖아요, 제가 아이를 더 낳든 말든 신경 꺼주세요. 설사 둘째를 가진다고 해도 어르신 말씀 듣고 갖진 않아요. 알지도 못하는 남의 집 가족계획 함부로 참견하지 마세요. 진짜 어디 가서 그러지 마세요. 정-말- 무식해 보여요. 어르신 혹시 못 배우신 분이에요? 그런 거 아니라면 목청 있다고 아무렇게나 그런 헛소리 하시는 거 아니에요.

제8장

이제 시작

나의 과거, 아이의 미래

부모가 아이를 키우며 생각 안 할 수가 없는 것은 바로 자신이 어떻게 컸는가에 대한 부분일 것. 나 역시 그렇다. 지금까지의 전반적인 내 인생을 돌아보자면, 나는 삼 남매 중 큰딸로 부모님의 많은 혜택과 지원, 사랑과 지지를 받으며 살아왔다. 그리고 사십 중반을 넘기는 지금도 형제 중 가장 부모님 곁에서 여전히 철없이 엄마! 아빠! 부르며 살고 있다. 40여 년 전 일들이란 것 기억이 난다고 하면 그게 더 이상할 터. 하지만 내가 아이를 키우다 보니 점점 분명해지는 몇 가지 나의 어린 시절의 기억들이 있다.

어린 시절, 한 예닐곱 살쯤 되던 시기일까? 그때의 분명한 상황이 기억나는 것은 아니지만 확실하게 기억 속에 남아있는 당시 나의 감정들이 있다. 그것은 설명하자면 마치 마음속 아주 깊은 곳의 서랍장을 열어 먼지 가득한 안을 들여다보는 것과 비슷한 느낌인데, 아마도 내가 아이를 키우기 전엔 전혀 기억할 필요가 없던 것들이라서 그런 것 같다.

그 감정들이란 대체로 어렸던 내가 어른들을 바라보며 '저들을 그냥 놔두자' 하던 느낌이다. 아이는 들어도 모를 거로 생각하며 하는 어른들끼리의 이야기를 들으며, 나는 다 알아들었는데 못 알아들으리라 생각하는 것 같으니 '그냥 모른 척 하자', '그냥 순진한(?) 척 하자'. 나의 감정은 따로 있는데 내 기분이 이러리라 생각하는 것 같으니 '그냥 두자'. 어른들에겐 진짜 나의 모습은 잘 안 보이는 것 같은데 그냥 '나를 잘 모르도록 놔두자.'고 했던 투의 감정에 관한 기억이다.

물론 처음부터 그렇게 생각하지는 않았을 것이다. 6년 인생을 살다 보니 동생 둘이 생겼고, 부모님은 맞벌이에 손주 넷(우리 삼남매와 가까이 살던 외삼촌의 딸)에 건강이 안 좋으시던 외할아버지까지 보살피시던 외할머니는 늘 바쁘시고 힘드셨다. 그렇게 저렇게 나는 내 마음속의 이야기를 할 수 있는 기회가 많이 없었을 테고, 언젠가부터는 '말해봤자'라는 생각을 하게 되었을 수도 있다.

기분이 좋아도 정말 신나서 크게 소리 질러 본 기억이 없다. 내가 좋아하는 것에 대해 마음껏 떠들어 본 기억도 크게 없다. 마찬가지로 마음이 슬퍼도 사람들 앞에서 목 놓아 엉엉 울었던 기억도 별로 없다. 그게 그저 타고난 성격인지 아니면 쪼그만 것이 그게 자존심이라고 생각했던 것인지는 모르겠다. 그것도 아니라면 어쩌면 나는 그래도 되는 걸 몰랐던 것 같다. 그래, 어린 나는 어른들과 내 마음을 이야기하고 나눌 수 있다는 것을 몰랐나 보다. 진짜 내 편이 될 만한 사람을 어른 중에 찾지 못했던 것 같다. 내 기억엔 크게 내 이야기를 듣고자 했던 어른도 당시엔 없었지만, 나도 내 이야기를 어른들에게 별로 하지 않았던 것 같다. 좋아서 했던 것들도 무섭고 싫었던 일들도 늘 혼자 숨은 듯 조용하게 했던 기억이 있다(어쩌면 뭘 하든 달려들던 어린 동생들이 호시탐탐 나를 방해했기 때문일 수도). 좀 더 커서는 너스레가 늘어 실없는 유머를 떠들어대고 주위에선 유쾌한 아이라는 평가도 받았지만. 사실 내가 기억하는 어렸던 나는 늘 좀 눈치 보는 아이였고, 가만히 생각하는 아이였고, 혼자만 느끼는 마음의 비밀이 많은 아이였으며, 어떻게 보자면 좀 외로운 아이였다.

그렇게 어린이 시절이 지나 십 대가 되고, 청소년기의 친구들을 사귀고, 또래들과의 사회, 또래들과의 동질감을 경험하면서 나는 말 그대로 친구라면 껌뻑 죽는 아이가 되었다. 그도 그럴 것이 당시 또래 친구들과의 세상은 내가 진짜 나를 드러낼 수 있는 내 세상의 전부나 마찬가지였으니까 말이다. 내 부모님은 그러셨다. 그때가 너의 사춘기 시절이었다고. 낳아준 부모와는 다르게 유별나게 구는 나를 감당하기 힘드셨다고.

'사춘기'라는 '성장통'을 드러내어 앓는 아이, 어디로 튈지 몰라 전전긍긍하게 만드는 아이, 하라는 것은 안 하고 하지 말라는 것 하려 드는 아이, 특별한 이유 없이 부모의 뜻과는 다른 뜻을 내비치는 아이, 종종 이유 모르게 화가 난 것 같은 아이. 그 아이가 부모님이 보시던 나의 모습이었다. 하지만 사실 내가 기억하는 나는 유치한 장난을 좋아하고, 비 오는 날 철없이 비나 맞고 돌아다니고, 자나 깨나 그저 친구들과 어울리는 게 가장 좋고, 당시 유행하던 홍콩 누아르 배우들과 미국 팝가수들을 선망하며 우러러보던 그저 그런, 오히려 시시할 만큼 평범한 청소년이었다.

내가 한참 자란 후에도 나의 십 대를 속 썩이는 아이였다 기억하시는 부모님을 보면서, 글쎄 내가 무슨 이유로 그런(마흔 넘은 지금도 일흔 넘은 부모님께 욕 들어 먹는) 시절을 보냈나, 내 의지와는 상관없이 그저 내 인생에 속해있어야 했을 그런 시기였던가, 하지만 또 그 시절 그런 마음을 겪지 않았다면 지금의 내가 있을 수 있었을까 하고 쓸쓸히 웃고 말았다. 그런데 내가 자식을 키우기 시작하니 그런 모든 것이 그저 웃어넘길 이야기가 아니게 다가오기 시작한다.

사춘기

내 친한 고등학교 동창 중엔 이미 대학교에 들어간 아들을 둔 친구가 있다. 그에 비해 결혼도 출산도 늦었던 나는 친구 중에 가장 늦은, 그러나 가장 젊은 엄마다(엄마 나이는 아이 나이에 비례한다고 하지 않던가). 결혼해서 아이가 있는 친구들은 평균 중고등 학생의 자녀를 두고 있다. 그녀들의 하나같은 고민은 아이들의 사춘기 문제이다. 임신과 출산, 신생아 육아만 힘든 줄만 알았지 아이와 나의 앞날을 단 1년도 가늠하지 못하던 시절엔 전혀 생각해보지 않던 문제가 내 아이가 미운(예쁜) 네 살을 넘길 때쯤되니 슬슬 느껴지기 시작했다. 아 그렇지, 사춘기. 그런 것이 있었지!

"우리 애 참 잘 웃고 즐거워하던 아이였는데, 언젠가부터 집에 와서 웃지를 않아. 요즘 나 걔만 보면 눈물이 나. 너무 힘들어."

중학생 자녀를 둔 친구의 속 타는 목소리. 친구의 아이가 왜 그렇게 변

했는지, 무엇이 원인인지, 무엇이 이유인지 사실 내 친구도 나도 모른다. 중요한 건 아이에게 그 망할 놈의 '사춘기'가 도착했고, 아이는 이전에 엄마가 알던 아이가 아니라는 것이었다. 아직 엄마 안아줘, 업어줘, 하는 아이를 키우고 있는 나는 친구에게 아무런 도움이 안 되었다. 하지만 내 입장에서 친구의 슬픔은 육아 대선배가 미리 점쳐주는 대참사 같은 인생의 거대 서사와 다름없었다. 친구의 아이들 이야기를 들으며 나는 문득 그랬다. 나의 부모님도 이런 기분이셨을까.

　요즘은 초등학교 4학년이면 이미 사춘기라고들 하던데, 내 아이에게도 길어야 앞으로 육칠 년 뒤면 일어날 수 있는 일이었다. 나는 내 지난 사춘기를 조금 더 진지하게 되짚어 보기로 한다. 아니, 내 나이 이제 마흔하고도 중반을 넘겼는데, 흰머리 숭숭한 아줌마가 다 지난 사춘기를 되짚어 보다니. 한편으론 참 스스로가 우습다. 하지만 그러면서도 진지할 수밖에 없는 이유는 이건 나 아니면 아무도 못 하는 것이라는 걸 알고 있기 때문이다. 나는 무엇 때문에 부모님이 너 때문에 힘들었다고 말씀하시는 사춘기를 겪었을까. 나는 그때 무슨 생각들을 하고 살았던가. 무엇이 즐거웠던가. 무엇이 싫었던가. 무엇을 하고 싶었던가. 무엇이 힘들었던가.

　부모가 된 내가 언젠가는 닥쳐올 내 아이의 사춘기를 대처하기 위한 대비책. 아니, 언젠간 내 아이도 겪을 사춘기가 고운 내 아이를 너무 많이 할퀴고 지나가지 않기를 바라는 엄마의 기도. 눈물 나도록 아깝고 너무나 시시하게 흘려보냈던 나의 사춘기가 내 아이에게 되풀이되지 않도록 애쓰는 엄마의 노력. 그리고 어차피 한번은 겪어야 하는 것이라면! 닥쳤을 때 아이와 엄마가 서로 상처를 내며 마음 아파 눈물 흘리는 것 대신, 서로 깊이 있게 성장 할 수 있도록 다져놓아야 할 디딤돌. 필요하다! 절실하게!

내 인생 절절함

십 대의 나는 그저 유치찬란하고 까불기가 발광스러웠지만 조금 커서는 나름 학업의 부담감과 피로감으로 조금은 우울한 얼굴을 하고 살았던 것 같다. 그때는 잘 몰랐었는데 지금 돌이켜보면 당시 나에게는 꿈이 없었던 것 같다. 진짜 인생에 대한 꿈을 꾸는 방법을 몰랐던 것 같다. 나의 모습을 투영하여 나 자신이 진짜 이루고 싶은 것이 무엇인지 몰랐다. 뭐 하나 제대로 된 직업관도 없이 그저 나이가 들면 뭔가를 이루겠지 했던, 그저 매사 야심 차서 열정만 불타오르던 멍청하고 해맑은 젊은이였다.

나는 흔히 남들이 말하는 '손재주 있는 아이'였다. 그래서 한편으로는 어릴 때부터 많은 기대가 걸린 아이였지만, 반면 손재주와 연결되는 것이 아닌 일에는 전혀 문외한으로 살아져버렸다. 세상에 대한 시야가 좁았다. 그림을 그리고 공작하는 것 말고는 내가 잘 할 수 있는 다른 것이 세상에 있을 것이라는 생각 조차를 못 하고 살았다. 조금 더 일찍 인생에 대한 목표 같은 것에 대해 진지하게 생각해볼 기회가 있었다면(물론 나도 있었을 것이다. 하지만 정말이지 시야가 좁았다) 진짜 나에게 필요한 공부를 하는 법도 일찍 깨닫고 불필요했던 것들에 힘들게 야심 찰 필요도 없었을 텐데.

언젠가부터 내 아이를 양육하는데 있어서도 이런 부분이 걱정된다. 어떻게 해야 옳을까, 밥 먹다가도 똥 싸다가도 시도 때도 없이 고민한다. 정답이 뭔지는 모르겠지만, 아니 애초에 육아에 정답이란 것은 없다지만, 그래도 나는 옳은 답을 찾고 싶다. 내가 살았던 어린 시절의 나와 사십 중반을 넘어서는 지금의 나 역시 이따금 지금 내가 무엇을 하고 싶은지 명확한 답을 내리기 힘든데, 고작 여섯 살 아이에게 너 하고 싶은 대로 하라고 그것을 무조건 지지한다고 할 수도 없다.

아이는 내 마음대로 하고 싶다고 말하지만 분명 앞으로도 한동안은 자기가 무엇을 하고 싶은지 잘 모를 때가 훨씬 많을 것이다. 어쩌면 그래서 남들이 칭찬하는 자기가 잘하는(잘한다는) 것을 '내가 하고 싶은 것'이라고 착각 할 수도 있을 것이다. 물론 잘하는 것이 하고 싶은 일과 같을 수도 있지만, 나는 우선 최소한 꼭 한번은 그것이 착각이 아닌가에 대한 시험이 필요하다고 생각한다.

나는 아이가 잘하는 부분을 잘한다고 칭찬을 하지만, 그것을 꼭 미래의 어떤 위치와 연관 짓지는 않으려고 한다. 아이가 잘한다고 하더라도 그것을 꼭 '좋아하라'고 부추기지 않는다. 되도록 새로운 것을 경험할 기회를 만들어주고 스스로 느껴보게 놓아두려고 노력한다. 또 일방적으로 내 눈에 좋아 보이는 것을 아이에게 강요하지 않으려 노력한다. 물론 나는 늘 실수하고 많이 틀린다. 그렇게 마음먹었다가도 금세 마음과 다른 말이 튀어 나가기도 한다. 하지만 반성하고 또 다짐하고 다시 노력한다. 어쩌면 별것 아닌 것 같지만 나에겐 계획적인 노력이다. 아이를 키운다는 것이 앞으로 일을 미리 대비하고 예상한다고 해서 그 과정 자체가 크게 달라지지는 않으리라는 것도 알고 있다. 하지만 모든 일상에서의 아이와의 말 한마디 한마디, 아이와 함께하는 한순간 한순간들, 각성하고 준비된 대응을 할 수 있는 내가 되려고 오늘도 절절히 노력 중이다.

아빠의 과거, 아이의 미래

나와 아이 위주로만 이야기하다 보니 아니 이 집은 아빠의 존재감 없이 모든 육아가 가능한가 싶을 것이다. 물론 우리 집 아이 아빠도 반의반 몫 정도는 육아에 참여한다. 한몫도 아니고 반 몫도 아닌 반의반이라고 표현한 이유는 진심 딱! 그 정도이기 때문이다. 뭐 괜찮다. 우리 집만 그런 것도 아닐 텐데. 이야기 들어보면 더 못 한 집도 있고. 하하하. 쿨럭쿨럭.

아이 아빠인 내 남편은 네 남매 중 막내아들인데, 위로 누나만 셋이다. 남편의 이야기에 따르면 어릴 때 누나들은 누나들끼리만 놀고 자기는 안 끼워 줬었단다. 어머님 아버님은 일하시느라 부재중이실 때가 많았고, 초등학교 때는 집에 오면 근처 중국집에 어머니가 한 달 치 선불해놓으신 돈으로 짜장면을 혼자 사 먹고는 했단다.

성품도 외모도 부처님 같으셨던 아버님은 조용하시고 유순하신 분이셨고, 어머님은 영민하시고 사교성 좋으신 분이시다. 부모님은 귀한 자식들,

더 귀한 막둥이 아들을 잘 키우시려고 열심히 사셨겠지만, 그러느라 그 어린 아들의 마음은 들여다보실 시간이 많이 부족했던 것 같다. 남편도 나름 질풍노도의 사춘기를 겪었고, 불꽃 같은 내면의 자아를 찾기 위해 지금 들어보면 코미디 시나리오 같은 별의별 짓을 다 했던 듯하다. 그래도 아버지를 닮아 천성이 순하고 선한 아들은 다행히 여느 남자아이들에게 일어나는 사소한 사고나 큰 질병도 없이 잘 자랐다.

　남편은 친할아버지를 뵌 적이 없는데, 이유는 남편이 태어나기보다 일찍 돌아가셨기 때문이다. 할아버지가 일찍이 돌아가신 것이 사실 손자에게 그리 큰 영향을 미친다고는 생각지 않는다. 하지만 문제 아닌 문제는 사실 아버님으로부터 시작된다. 아버님의 아버지, 그러니까 남편의 할아버지는 연세 일흔에 기적적으로 첫 자식이자 마지막 자식인 아버님을 낳으셨다. 할아버님과 아버님의 나이 차가 무려 칠십 살. 그리고는 아버님 일곱 살 때쯤 돌아가셨다. 아버님께서 '아빠'와 보낸 시간은 고작 칠 년. 그 옛날, 정말 나이 칠십에 얻은 귀한 아들이지만, 연로하신 '아빠'가 그 어린 아들과 뭘 얼마큼이나 시간을 보내주셨겠나. 나는 아버님의 조용하셨던 성격은 어쩌면 '아빠'의 부재와도 관련 있었으리라 생각해본다.

　'아빠' 없이 인생을 살고 어느새 당신이 자식을 낳아 '아빠'가 되신 아버님은 어쩌면 '아빠' 상이 없으셨을 것이다. 아이를, 특히나 '아들'을 안아주고 다독여주는 방법도, 너를 이만큼이나 사랑한다고 알려줄 방법도, 일상에서 소소하게 같은 남자로서 즐길 수 있는 재미도 모르시고 사셨던 것 같다. 그래서 남편과 아버님은 '아빠와 아들' 사이였지만 아버님께서 돌아가시기 전까지 줄곧 서로 데면데면했고 서로 다정다감한 부분을 찾기 힘들었다.

이후 아버님이 돌아가셨을 때 남편은 내 앞에서는 큰 눈물을 보이진 않았지만, 장례 기간 내내 코가 잠겨있었다. 그리고 훗날 나에게 했던 말, 눈감은 아빠 얼굴을 보니 어릴 때부터 내내 혼자 그 인생 얼마나 외로웠을까 가엾고 불쌍해서 하염없이 눈물이 나오더라 했다. 남편이 흘린 아버님의 외로움에 대한 눈물은 아마도 자신의 외로움과도 연결되어 있었을 것이다. 자신의 외로움을 알기에 공감되는 타인의 외로움. 나는 어쩌면 그래서 더욱더 내 아이와 내 남편의 관계에 민감한 편이다.

아이가 태어났을 때, 아니 그 이전 태아가 뱃속에 생겼을 때, 남자 나이 마흔 중반에 얻은 첫 아이라 호들갑을 떨 법도 했지만 남편은 크게 좋은 내색도 없었다. 그저 할 일을 했을 뿐인 듯, 기쁘다 행복하다 하지 않았다. 남편은 아이라는 존재에 대해 기뻐하는 것이 어떻게 하는 것인지 모르는 사람이었던 것 같다. 사실 나 역시도 임신이라는 것 자체가 막 기쁘고 멋지고 그렇지는 않았으니까. 배가 불러오고 내 몸이 변해가는 것에 나와 남편 모두 신기하고 경이롭기는 했지만, 어쨌든 변하는 몸은 내 몸이었고 남편은 남이었다. 남편은 손이 귀한 집안의 아들로 살며 자신도 자식을 낳아야 한다는 인생의 오랜 책임감만 가득했을 뿐, 정말 아이가 어떤 존재인지 어떤 의미인지는 실감을 못 했다. 남편은 아이가 태어난 후에도 손대면 부서질까 망가질까 겁을 내며 먼저 나서서 안아 보려고도 안 했다. 아이를 바라보는 눈빛은 기쁨보다는 두려움이었던 것 같다. 뭐든 나보고 하라고 했고 자신은 그저 한 발짝 뒤에 서 있었다.

들어보면 딴 집 아이 아빠들은 분유도 먹이고 기저귀도 갈아준다는데, 남편은 딱 한 번 기저귀 갈았고(거꾸로 채웠다), 딱 한 번 밤중 분유 수유를 했다(분유 양과 물의 양은 아빠 마음대로). 아이 목욕이 웬 말, 세수도 시켜준 적 몇 번 안 되며, 내가 좀 도와달라고 호소하면 하던 사람이 더 잘한다며 엄마가 하는 게 낫다고 피했다. 어떤 날은 육체고 마음이고 힘들어 내가 눈물을 보이자 나를 뭐 보듯 빤히 보더니 '너 정상이 아닌 것 같아, 정신병원에 가봐'라며 그나마 코딱지만큼 남아 있을까 말까 했던 정나미를 똑 떨어뜨렸다. 그뿐인가 아이가 열이 펄펄 나 밤새 울어도 남편은 옆에서 아이 울음을 자장가 삼아 자기도 질세라 코를 골며 잘도 잤다. 정말이지 그땐 발로 뻥 차서 침대 아래로 떨어뜨리고 싶었다. 하, 지금에야 웃으며 말하지만(아니다, 내 웃음은 가짜다. 사실 지금도 많은 원한이 남아있다. 기억날 때마다 여전히 치가 떨린다), 이 남의 편인 남편은 정말이지 하루건너 한 번씩 교수형에 처할만한 발언들을 하며 육아를 거부했다. 매번도움이 필요할 때마다 일을 그렇게 거지같이 해놓기도 힘들 것이다. 더욱이 스스로 하려는 의지는 눈 씻고 찾아볼 수도 없었으니. 지금 생각해보면 그것이 남편의 큰 그림이었을까? 결과적으로 나는 남편의 어이없는 행동들이 지겨워서 도움을 포기하게 되었고, 아이는 또 아이대로 엄마 손길만을 받아들이는 아이로 자라게 되었다.

아이가 두 돌 가까이 지나자 제법 말도 하고 잘 까불기도 하고 아들이지만 딸아이 못지않은 귀여운 애교들을 피웠는데, 그러던 어느 날 남편이 하는 말이 가관이다.

"우리 애기 진짜 예쁘다. 언제부터 이렇게 예뻐졌지?"

혁, 글쎄요 여러분, 과연 이 아이는 언제부터 예뻐졌을까요? 내가 남편의 말이 황당했던 이유는 남편은 단순한 감탄으로 한 말이 아니라 정말 진지하게 질문을 했기 때문이다. 나는 저녁 식사 후 간혹 설거지 등의 일을 도와준다는 남편의 호의를 거절하고 무조건 한 시간가량 아이랑 놀도록 둘을 붙여 두었다. 그쯤부터 남편은 소위 '아들 바보'가 되기 시작했다. 그저 틈만 나면 물고 빨려고 들고 아이가 웃든 울든 아이 기분은 상관없이 그저 혼자 웃고 끌어안고 좋아했다. 말 그대로 아이를 바라보는 눈에서 꿀이 떨어진다. 말 그대로 아이가 좋아 죽는다. 말 그대로 세상 태어나 처음 해보는 사랑처럼 아이를 사랑하는 것 같았다. 그런 아빠의 과도한 애정표현을 언젠가부터 아이는 좀 귀찮아하기까지 한다. 역경의 애벌레 시절엔 정말 벌레구나 하더니, 그 고난을 겪고 탈피해 예쁘게 쫑알거리며 환한 날갯짓을 해대자 그때서야 아, 이게 내 아이구나, 내 자식이구나, 내 새끼구나! 예쁘다 예뻐, 예뻐 죽겠다, 하기 시작한 것.

모성애도 마찬가지지만 부성애는 더욱이 저절로 생기지 않는다. 요즘에도 나는 가끔은 잔소리를 하고 가끔은 혼내고(?) 가끔은 팁을 알려줘 가며 남편이 아들과의 관계를 돈독하고 끈적끈적하게 가져가도록 지지한다. 아이를 먹이고 입히고 씻기는 진짜 육체적인 육아는 도와달라고 하지 않는다. 집안일을 도와주는 것도 큰 기대 안 한다. 단지 아이와 함께 잘 노는 아빠, 때로는 엄마 몰래 아빠에게 비밀 이야기를 할 수 있을 정도의 사이, 함께 안고 뒹굴며 티격태격하는 사이, 엄마는 좀 엄해도 아빠는 많이 봐주는 사람. 그렇게 오래오래 나이 들어서도 서로 괜찮은 친구 같은 부자 관계를 이어 갈 수 있기를 목표로 한다. 훗날 남편이 자신의 '아빠' 인생을 되돌아봤을 때 큰 후회 없도록, 자신의 아버지와 자신이 느꼈던 외로움을 자식에게는 물려주지 않도록, 부자간에 서로 소홀히 하는 날 없이 아주 오래도록 서로 다정하고 치근덕거리며 함께 철없기를 소망한다.

삶이 그대를 속일지라도

시한부를 선고받은 사람들이 느끼는 죽음의 다섯 단계에 대해 들어본 적이 있을 것이다. 부정, 분노, 타협, 우울 그리고 수용. 2020년 시작과 함께 여전히 우리 곁에 존재하고 있는 코로나19를 직면했던 첫 5개월 동안, 나는 죽음의 단계와 비슷한 과정을 거쳐 왔다. 처음엔 별것 아니라 여겼다가 점점 심각해지는 사태에 화가 났다. 막기 위해 타협하는 마음으로 마스크와 소독제를 사들였지만, 한창 뛰어놀아야 할 아이와 겨우내 집안에서 꼼짝없이 삼시 세끼를 해결해야 하는 날이 길어지자 답답함에 짓눌려 번아웃에 빠진 듯 우울감과 공허함도 느꼈다. 그러다 그런 생활 자체에 익숙해지며 모든 상황을 일상으로 받아들이자 오히려 가족을 내 품에 끼고 안전하게 지키고 있다는 생각에 마음에 평안함이 자리 잡은 듯했다.

전 세계 모든 사람이 코로나19 사태가 어서 마무리되기를 바라고 있겠지만, 백신이 만들어진다고 하더라도 앞으로 이런 종류의 전염병들은 점점 더 비일비재해질 것이라고 보고 있다. 우주와 지구, 자연과 인류의 거대 서사로 보자면 자연을 아낄 줄 모르고 발전만을 추구하던 인간들을 자연 스스로가 걸러내고 자기 정화를 하는 중인 것이다. 도저히 참을 수가 없어서 지구가 자폭하기 전에 땅 위의 득시글득시글한 인간들을 좀 없애려는 것일 거다. 충분히 이해되기도 한다. 하지만 이 우주 속의 개미 같은 인간들은 죽으면 안 된다고, 살아야 한다고, 살려야 한다고, 안간힘을 다해 살아서 존재하기를 희망하며, 그 안에서 또 새로운 역사를 만들어나가고 있는 중이다.

나는 마흔이 넘어 경험한다. 내가 백 살까지 산다면 그래도 인생의 절반 정도는 모르고 살았던 세상이다. 내 아이는 만 5년을 살고 경험한다. 아마도 당장은 어리둥절한 부분이 있을지 몰라도 어쩌면 이런 모든 것을 자신의 특별하지 않은 일상으로 받아들일지도 모르겠다. 그리고 아직 돌쟁이들, 혹은 앞으로 태어날 아이들은 이런 팬데믹 이전의 삶을 전혀 모르겠지. 이런 생각을 슬프다거나 안타깝다고 표현하는 것도 맞지 않는 것 같다. 한시의 멈춤도 없이 우주가 변하고 세상이 변하고 인류가 변하는 것처럼, 어쩌면 모든 것은 태초부터 정해져 있었던 순리일 지도 모른다는 생각이 든다.

근래 들어 머릿속에서 자꾸 떠오르는 '알렉산드르 푸시킨'의 시가 있다.

삶이 그대를 속일지라도
슬퍼하거나 노여워하지 말라

슬픔의 날들을 견디면

기쁨의 날이 오리니

마음은 미래에서 살고

현재는 슬픈 것

모든 것은 순간이고

지나가는 것은 또 그립게 되리니

그래, 이쯤 되니 인생이 정말 그렇다는 생각이 든다.

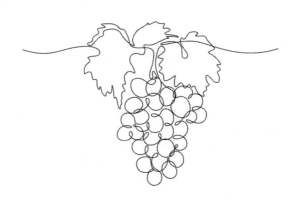

머리에 똥 찬 날

'크면 알게 될 거야. 크면 이해하게 될 거야.' 누구나 한 번쯤은 해봤을 말이다. 나도 해봤고, 또 예전 언젠가는 들어도 봤을 테고. 그런데 불현듯 뭐 그런 말이 있나 싶다. 아직 무언지 몰라 궁금한 사람에게 잘 설명해 주지는 못할망정, 그저 크면 알게 된다니 말이다. 코로나19로 세상이 뒤집어지고 상상도 못 해본 일상들이 펼쳐지던 어느 날 갑자기, 지나가면서 들린 '너도 크면 알게 될 거'라는 말에 부아가 치밀었다. 대답을 기다리는 자에게도 대답하는 자에게도 그 어떤 누구에게도 충족되지 않는 상황. 듣는 처지나 말하는 처지나 서로가 서로에게 너무나 비극적이라는 생각마저 들었다. 그리고 그런 안타깝고 괴로운 상황은 결국 슬픈 감정으로까지 치달아 버려서 내가 앞으로 살면서 저 표현은 정말 하고 싶지도 듣고 싶지도 않다 생각했다.

곰곰이 되짚어 본다. 다행히 내가 아이를 키우며 아이의 질의에 대한 답으로 '지금은 몰라도 크면 알게 될 거야' 따위의 답을 여러 번 하지는 않은 것 같다. 아이의 입장에서 질문했는데 그저 크면 알게 된다는 대답을 듣는다면 어떤 기분일까. 아이는 여전히 어린아이라서 금세 잊어버리고는 별생각 없을 수도 있다. 그렇다면 내가 나보다 위의 연배에게 크면(더 늙으면) 알게 될 거라는 말을 듣는다면 어떨까. 절대 알 수도 없고 크지(더 늙지) 않았기에 절대 이해할 수도 없는, 그래서 알려고도 이해하려고도 해서는 안 되는, 그저 나의 세월이 지나야만 진실을 알 수 있는 그런 비밀 아닌 비밀. 보통 손아랫사람에게 사용하는 그 말은 그날따라 참 예의 없고 경솔한 큰(위) 사람이 하는 말이란 생각까지 들었다. 잘 모르겠다. 그냥 내가, 내 생각이 좀 또라이 같은 걸까.

내 장래의 꿈

　어릴 때 누구나 들어봤을 질문, 크면 뭐가 되고 싶어? 네 장래 희망은 뭐니? 내가 기억하는 나의 진실한 장래의 희망은 '선물의 집' 주인이었다. 내가 초등학생 당시 '선물의 집'이라는 곳은 문방구와는 조금 달랐다. 더 예쁘고 아기자기한 소품들로 가득 찬, 말 그대로 선물용품들이 가득한, 나에게는 정말 환상적인 가게였다. 다 갖고 싶고 다 사고 싶은 예쁘고 신기한 소품들이 가득했던 곳. 하지만 어른들이 나에게 장래 희망을 물었을 때 나는 그런 것(따위)은 꿈이라고 말할 수 없다고 생각했던 것 같다. 그때는 너는 커서 뭐가 되고 싶니, 라고 물으면 남자아이들은 대통령이요, 과학자요, 여자아이들은 선생님이요, 간호사(당시는 간호원이라고 했었다)요, 하는 것이 무슨 공식인 것처럼 되어 있었다. 그리고 그 정도 꿈은 말할 줄 알아야 똑똑하고 야무진 아이 취급을 받았고 정상적인 어린이였다.

나는 어릴 때부터 그림 잘 그리는 아이로 낙인(?)찍혔던지라 한동안은 화가의 꿈을 말했었던 기억이 있지만, 결국은 교육계에서 일하셨던 부모님을 동경하고 사랑하는 마음이 더해 나의 꿈은 그저 선생님으로 일축되어 갔다(불현듯 당시 화가가 된다고 하면 어른들은 '잘돼야 허리에 소주병이나 차고 그림 그리는 극장 간판장이'라는 말을 했던 것이 기억난다). 어쩌면 그때부터 그냥 그렇게 자라고 있었다. 내가 정말 되고 싶은 것이 무엇인지, 내가 어떤 어른이 되고 싶은지, 어떻게 자라고 싶은지는 전혀 모르고 십 대를 맞이했다. 고집스러운 사춘기를 거쳤다. 그리고 태생이 잘나서 스스로 잘 컸다며 도도했던 이십 대에는 사실 또래만큼 영악하게 구는 법도 모르고 나이브하고 멍청하게 보낸 시절이었다.

어떤 부분에선 남보다 잘난 줄 알고 또 어떤 부분에선 열등감도 느끼며 자라왔지만, 돌아보면 또래보다 늘 조금 늦게 살았던 나였다. 뭐든지 조금씩 늦게 알게 되었다. 남보다 그다지 빠른 게 없었다. 하지만 그래서 또래보다 젊게 산다. 무릎이 시큰거려도 바다로 산으로 모험하고 싸돌아다니는 게 좋다. 그렇게 내 어린 아들과 딱 수준이 맞는 나, 그렇게 내 아이와 함께 성장하는 내가 보기 좋은 나. 그런 나를 내가 바라보며 물어본다. 너, 장래 희망이 뭐니?

이제 금세 다가올 나이 오십을 바라보며 내 꿈은 무엇인가 생각해본다. 단 3, 4년 전만 해도 구체적이지 않았던 나의 장래 희망이 이제는 머릿속에 환하게 그려진다. 내 꿈은 할머니다. 나는 할머니가 되고 싶다. 손에 흙을 묻히고 작은 텃밭을 일구며, 햇볕에 그을리고 주름진 얼굴을 그대로 드러내고, 바람 냄새 잔뜩 밴 헐렁한 옷을 걸치고 서서는, 내 자식과 자손들이 언제든지 찾아와 등 비빌 수 있는, 작지만 따뜻한 언덕이 되는 그런 할머니(어쩜담, 남편은 어떻게 생각할지 모르겠다). 그게 나의 꿈이다. 아아, 그런 나의 모습을 상상만 해도 행복하다.

누구는 이런 나의 꿈을 동화같이 소박하고 단순하구나 하고 생각할지도 모르겠다. 하지만 사실 내 생각은 반대이다. 우선은 진짜 할머니가 되기 위해서는 내 자식이 결혼도 해야 하고 또 아이도 낳아야 한다. 그리고 도심 속 아파트가 아닌 땅을 밟고 사는 집도 있어야 한다. 당연한 듯 당연하지 않은, 그런 것 모두가 내 뜻대로 굴러가지만은 않겠기에 더 큰 내 꿈으로 세워본다. 내 인생에서 어쩌면 처음으로 가장 진실하게 소망하는 나의 꿈. 그렇다. 나는 이렇게 거창한 꿈을 꾸고 있다. 그리고 그렇기에 좀 더 내 마음대로 살아보기를 노력한다. 내 마음대로 라는 것이 철부지의 난해함이나 방종을 의미하는 것은 아니다. 내 마음대로라는 건 내 마음속 소리에 더 귀 기울여 내 안의 소리를 더 잘 들어보고 싶다는 것이다. 내 안의 소리를 잘 들어주며 내가 나를 깊이 신뢰하게 되는 만큼, 내 아이 마음의 소리도 더 잘 들을 수 있다고 확신한다.

산 넘어 산이라는 자식의 양육, 엄마가 산 안내자 셰르파가 되어 아이와 함께 넘어야 할 산과 또 산들. 이왕이면 나는 자신감 넘치는 산 길잡이가 되고 싶다. 아이와 함께 경치에 감동하고 땀을 식혀줄 바람에 감사하며 산을 타고 싶다. 등반 중간 중간에 보이는 작은 풀꽃들도 함께 감상하고 싶다. 산을 오르고 넘는 이유가 꼭 꼭대기에 도달하기 위한 목표만이 아님을 알려주고 싶다. 그리고 그러기 위해서 더욱 혼신을 다해 내 마음대로 살아야겠다고 생각하는 지금이다.

에필로그

너를 사랑한다
그것 말고 더 무엇이 있을까!

아이 키우는 이야기를 써보자며 시작한 글에 결국 내 마음속 소리를 한참 풀어내 버렸다. 그저 별것도 없는 나를 엄마라고 믿고 따르며 한없이 사랑해주는 내 아이가 내 곁에 와준 후, 결국 나와 아이는 떼려야 뗄 수 없는 사이가 되었다(아직은 그렇다). 그것이 사랑이든, 그것이 책임이든, 아니면 그것이 집착이든! 나는 내 아이가 너무 좋다. 내 아이와 이렇게 함께 살아온 채워가는 여섯 해가 감사하다.

그간 아이를 키우며 간혹 젊은 엄마들보다 내가 체력이 달린다는 생각이 들 때, 세련된 구석 없이 구식이라는 기분이 들 때, 그리고 말 그대로 겉모습이 늙어 보인다 싶을 때가 있었다. 그래서 만약 내가 내 아이를 좀 더 일찍 만났다면 어땠을까 상상해 본 적이 있다. 아이가 지금의 나보다 더 젊은 엄마를 좋아하지 않았을까 생각하기도 했다. 하지만 이내 그런 생각은 차곡차곡 접어 휙 던져 버린다. 그런 말도 안 되는 생각일랑 개나 줘버려. 다시 생각해도 나는 정말, 정확하고, 적당한, 딱 좋은 시기에 내 아이를 만났다.

나의 임신 시기에 시작된 노산(老産)이라는 수식어는 출산 이후까지도 따라다녔다. 나 자신은 몸도 마음도 전혀 노산이 아닌데 사회가 정해놓은 수치에 따르면 나는 어쩔 수 없이 늙은 산모였다. 태아를 위해 평균보다 많은 검사를 해야 한다고 했고, 더욱이 첫 아이라 더 힘들 것이라고 했다. 하지만 지금까지의 결과로 보면 나의 노산은 나와 아이에게 세상 비할 바 없는 근사한 삶을 선사해주었다.

나같이 미숙한 사람이 아이를 일찍 만났다면 많은 걸 놓쳤을 것 같다. 내가 아직은 너무 덜 자라서 나 자라느라 아이를 잘 자라지 못하게 했을지도 모르는 일이다. 남들에겐 내 열정이니 꿈이니 하며 말했겠지만, 그저 육아가 힘들어 바깥으로 나돌고 싶었을지도 모른다. 지금보다 훨씬 더 젊었을 혈기를 주체를 못 해 망나니 같은 아줌마가 되었을지도 모른다. 아이의 예쁜 모습을 찾기보다 아이는 나를 힘들게 하는 존재라 생각했을지도 모른다. 아이의 우주 같은 마음을 알아가기도 전에 함께 있는 시간을 더 줄이려 했을지도 모른다. 아이가 잘하는 것이 무엇인지도 잘 모른 채 남보다 못하는 것만을 다그쳤을지도 모른다. 아이의 기쁨보다는 내 편안함을 위해 노력했을지도 모른다. 아이의 재잘대는 이야기나 속상한 울음을 그저 나 불편한 소음으로만 들었을지도 모른다. 그렇게 아이가 자라는 매 순간이 얼마나 눈부시게 빛나는 순간순간들인지 몰랐을지도 모른다.

이런 극단적인 가정들이 나를 심하게 매도하는 표현일 수도 있다. 그럼

에도 불구하고 나는 내가 충분히 그랬을 수도 있었을 거라고 생각한다. 그래서 더욱더 다행이다. 그래서 더욱더 감사하다. 무엇보다 내 늦음을 포기하지 않고 지켜봐 주신 부모님, 그래서 늘 늦었지만 언제나 도착할 수 있었던 나, 그리고 늦은 나에게 건강히 찾아와준 아이, 그리고 그 많은 늦음을 후회하지 않는 나 자신에게도 머리를 쓰담쓰담 어깨를 토닥토닥해주고 싶다. 그리고 세상 모든 엄마가 그들의 아이와 함께 보내는 시간은 그 엄마와 아이 서로의 삶에 가장 값진 보배로 남을 거라고 말하고 싶다.

아이야, 너는 네 존재 자체로 내 인생 가장 큰 보물이야. 만일 내가 살아가는 동안에 더는 널 사랑하지 않는다고 말한다면 그건 120% 거짓말임을 기억하렴. 사랑한다! 너를 너무나 사랑한다!

너 없었으면 어쩔 뻔

초판 1쇄 발행 | 2021년 4월 27일

지은이 | 윤예진
펴낸이 | 김지연
펴낸곳 | 마음세상

주 소 | 경기도 파주시 한빛로 70 515-501

신고번호 | 제406-2011-000024호
신고일자 | 2011년 3월 7일

ISBN | 979-11-5636-451-1 (03590)

원고투고 | maumsesang2@nate.com

* 값 13,300원

* 마음세상은 삶의 감동을 이끌어내는 진솔한 책을 발간하고 있습
니다. 참신한 원고가 준비되셨다면 망설이지 마시고 연락주세요.